W0187639

Veranstaltungen organisieren

Melanie von Graeve

Inhalt

Geleitwort

Alle Welt redet von Social Media und den Chancen der virtuellen Begegnung im Web. Gleichzeitig aber boomt das sogenannte Live-Marketing: Menschen haben heute mehr denn je das Bedürfnis, sich zu treffen und persönlich auszutauschen.

Das können und sollten Unternehmen für ihr Marketing nutzen. Die Bandbreite der Möglichkeiten ist groß: Sie reicht vom klassischen Messeauftritt über Roadshows bis hin zu kleinen, feinen Kunden-Events. Hier haben sie die Chance, wichtige Kunden und potenzielle Neukunden hautnah und exklusiv mit dem eigenen Portfolio bekannt zu machen, Kontakte zu knüpfen und Geschäftsbeziehungen zu festigen.

Der neue TaschenGuide „Veranstaltungen organisieren" bietet Ihnen einen Leitfaden, mit dem Sie solche Events erfolgreich planen und durchführen. Sie lernen die wichtigsten Bausteine für eine zeit-, budget- und nervenschonende Organisation von Veranstaltungen und Events kennen, die positiv im Gedächtnis Ihrer Teilnehmer bleiben.

So können auch Sie mit relativ geringem Aufwand große Erfolge für Ihre Kundenbeziehungen erzielen. Denn auch in Zeiten von Social Media gilt: Nichts ersetzt den direkten Austausch von Mensch zu Mensch – auch im Marketing.

Christoph Pause

Chefredakteur acquisa

Ihr Basiswissen

Jede Veranstaltung ist einzigartig – und doch gibt es Grundlagen, die sie alle gemeinsam haben. Die Kenntnis der wichtigsten hilft Ihnen dabei, ins Veranstaltungsmanagement einzusteigen.

In diesem Kapitel erfahren Sie,

- welche Kommunikationsmaßnahmen Ihre Veranstaltung begleiten sollten (ab S. 7),
- welche Anforderungen heute an eine gute Veranstaltung gestellt werden (ab S. 11),
- worauf es grundsätzlich bei Planung und Organisation ankommt (ab S. 20),
- wo Sie Informationen zur Veranstaltungsorganisation erhalten und welche Recherchequellen hilfreich sind (ab S. 29).

Die wichtigsten Veranstaltungsarten

Veranstaltungen als Plattform der Kommunikation zwischen Menschen, aber auch von Unternehmen zu bestimmten Zielgruppen sind beliebt und – wenn richtig geplant und inszeniert – unübertroffen erfolgreich. Als Planer steht Ihnen dabei eine breite Palette unterschiedlichster Veranstaltungsarten zur Verfügung:

- produkt- oder dienstleistungsbezogene Veranstaltungen – von Kick-off-Veranstaltungen bis zu Messeauftritten,
- Finanzveranstaltungen – von der Aktionärshauptversammlung bis zur Bilanzpressekonferenz,
- Imageveranstaltungen – vom Tag der offenen Tür bis zum Pressegespräch,
- Mitarbeiterveranstaltungen – von Teambuilding bis Incentive,
- Weiterbildungsveranstaltungen – vom Seminar bis zum Kongress.

Wichtige Faktoren einer Veranstaltung sind Anlass und Ziel. Während der Anlass in den meisten Fällen feststeht (z. B. 50-jähriges Firmenjubiläum), müssen konkrete Ziele erarbeitet werden (wie das geht, erfahren Sie ab S. 40).

Beispiel: Anlass und Ziele von Veranstaltungen

 Ein mittelständisches Unternehmen möchte anlässlich seines Firmenjubiläums Marketing nach innen und außen betreiben. Dies wird in Form einer Jubiläumswoche umgesetzt, in der folgende Einzelveranstaltungen stattfinden: eine Gala-Veranstaltung für wichtige Kunden und Wegbegleiter, eine Fachkonferenz für Händler, Außendienst und Vertriebspartner, ein Tag der offenen Tür für Interessenten und Angehörige der Mitarbeiter sowie ein großes Mitarbeiterfest, zu dem auch ehemalige Mitarbeiter geladen werden. Diese „Imagepflege" soll unter anderem dazu dienen, neue Kunden zu gewinnen, bestehende Kundenbeziehungen zu pflegen, die Mitarbeiterbindung an das Unternehmen zu stärken und potenzielle neue Mitarbeiter für das Unternehmen zu interessieren.

Der Begriff *Event* (der oder das) ist in Mode und wird heute für Anlässe von Fernsehfilm bis Kindergeburtstag geradezu inflationär gebraucht. Dabei steht Event – neben Veranstaltung – im wörtlichen Sinne für Ereignis und diese Übersetzung verdeutlicht, dass sicher nicht jeder Anlass und jede Veranstaltung den Titel Event verdient oder überhaupt wünscht. Als Events bezeichnet man einzigartige und einmalige Veranstaltungen mit Erlebnisfaktor und / oder (Zusatz-) Effekt. In jedem Falle aber soll ein Event für die Teilnehmer ein besonderes, unwiederbringliches, positives Erlebnis sein.

> Schüren Sie mit der Bezeichnung „Event" keine falschen Erwartungen bei Ihren Gästen! Sprechen Sie nur von Event, wenn Sie auch einen solchen planen. Dann allerdings dürfen und sollten Sie auch damit werben!

Sinnvolle Einbindung ins Marketing

Ohne die Vernetzung Ihrer jeweiligen Veranstaltung mit dem Marketingkonzept Ihres Unternehmens einerseits und angemessenen begleitenden Kommunikationsmaßnahmen andererseits bleibt Ihre Veranstaltung nur eine Einzelaktion, deren Wirkung sich bereits nach kurzer Zeit verflüchtigen könnte.

Veranstaltungen im Marketingkonzept

Instrumente aus dem Bereich Live-Kommunikation bieten einen entscheidenden Vorteil gegenüber den klassischen Marketinginstrumenten: Sie ermöglichen den direkten Kontakt mit der Zielgruppe und können den Nutzen von Produkten oder Dienstleistungen über einprägsame, auch emotionale Inszenierungen erlebbar und fühlbar machen. Im Idealfall werden sogar schwer erreichbare Ziele wie Verbesserung der Kundentreue oder der Glaubwürdigkeit eines Unternehmens realisiert – und der Erfolg ist direkt prüf- und messbar. Wenn klassische und moderne Kommunikationsinstrumente sinnvoll miteinander verknüpft werden, lassen sich Erfolge erreichen, die größer sind als die Summe der Einzelmaßnahmen.

Wie eine Vernetzung von Kommunikationsinstrumenten aussehen könnte, verdeutlicht folgendes Beispiel einer Produkteinführung: Ein Sonnenschutzmittel soll Käufer finden.

Beispiel: Ihre Veranstaltung als Teil des Ganzen

Um ein neues Sonnenschutzmittel erfolgreich auf dem Markt zu platzieren, wählt das Unternehmen Hautglück folgende Kommunikationsinstrumente:

Vorwerbung über PR- und Fachartikel plus Anzeigenschaltung in Fach- und Frauenzeitschriften

Kick-off-Veranstaltung für den Vertrieb: Produktvorstellung, Verkaufsziele, Zielgruppen, Vertriebswege, Wettbewerbsbeobachtung etc.

Sommer-Gewinnspielaktionen in Zeitschriften und Fachhandel

bundesweite Eventreihe in Beach-Clubs und anderen Sommer-Hotspots, ggf. mit Einsatz von Testimonials und Multiplikatoren, um den Berichtswert zu steigern

begleitende Anzeigenkampagne zur Veranstaltungsreihe über Print, TV, Radio, Onlinemarketing

Einsatz von Internettools und Social Networks wie Facebook, Blogs, YouTube, in denen Multiplikatoren über ihre positiven Erfahrungen mit dem Produkt berichten

Produkt-Promotion durch Sampling-Aktionen in Kosmetik-Einzelhandel

Sie sehen: Ganz verschiedene Marketingmaßnahmen können zur Umsetzung ein und desselben Themas dienen! Wichtig ist jedoch, dass sich die gewählten Maßnahmen gegenseitig ergänzen und unterstützen. Die stimmige Einbettung Ihrer Veranstaltung in das Marketingkonzept Ihres Unternehmens verstärkt somit den Gesamterfolg.

Begleitende Kommunikation

Nutzen Sie für Ihre Veranstaltungen und Events – gegebenenfalls gemeinsam mit zuständigen Fachabteilungen – begleitende Kommunikationsmaßnahmen:

- **Regelmäßiger Kontakt und Austausch mit Ihrer/n Zielgruppe/n.** Dies kann etwa mit einem Newsletter geschehen, der exakt auf den Kunden und seinen derzeitigen Bedarf zugeschnittene Angebote enthält. Beispielsweise könnten Sie Kunden, die einen Drucker gekauft haben, über Möglichkeiten zur Verbesserung der Druckqualität, des Toner-Sparens etc. informieren und zugleich über Sonderangebote von Toner und Papier.

- **Ergänzende Maßnahmen zur Kundengewinnung und –bindung.** Zum Beispiel durch Fortbildungsprogramme, zu

denen bestehende Kunden und potenzielle Neukunden eingeladen werden. Für die Bestandskunden könnte die Teilnahme dann ermäßigt oder kostenlos sein, um für diese
einen Vorteil gegenüber Nicht-Kunden herauszustellen.
Achtung: Bei Kunden-Fortbildungen muss ein hoher Nutzen für die Teilnehmer gewährleistet sein, sonst wird keine
regelmäßige Teilnahme stattfinden.

- **Persönliche, verbindliche Betreuung der Teilnehmer vor,
  während und nach der Veranstaltung.** Beispielsweise in
  Form einer persönlichen Einladung durch den jeweiligen
  Ansprechpartner, Begrüßung bei und Betreuung während
  der Veranstaltung durch den gleichen Ansprechpartner
  oder den Gastgeber (gefühlter VIP-Effekt) und Follow-up-
  oder Reminder-Aktionen wieder durch den Ansprechpartner.

- **Aus Sicht der Zielgruppe (!) interessante PR und Öffent-
  lichkeitsarbeit.** Beispielsweise durch Experten-Netzwerke,
  Fachartikel-Reihe in ausgewählten Fachzeitschriften,
  „Use"-Letter, eine qualitativ wertvolle Kundenzeitschrift,
  geschlossene Netzwerk-Gruppen oder „Blick hinter die
  Kulissen" im Rahmen eines Tags der offenen Tür.

Je persönlicher die Ansprache und je höher der individuelle
Nutzen für die Teilnehmer, desto positiver behalten diese Ihr
Unternehmen im Gedächtnis. Im Idealfall profitieren Sie zusätzlich durch Weiterempfehlungen von Teilnehmern in deren
Netzwerken. Nutzen Sie Kommunikationsinstrumente auch
vor und nach Ihrer Veranstaltung: Durch Kommunikation in
der Vorphase, wie Einladung und Veranstaltungswerbung,

steigern Sie die Lust auf die Teilnahme, erhöhen die Teilnahmequote und verringern die No-show-rate (No-shows sind die Teilnehmer, die trotz vorheriger Zusage nicht zur Veranstaltung erscheinen). Kommunikation im Nachgang festigt die Zielgruppenbindung und kann die Teilnahmequote bei Folgeveranstaltungen erhöhen (mehr dazu ab S. 114).

> Erfassen Sie Ihre Kommunikations- und Marketingmaßnahmen in der Zeit- und Budgetplanung Ihrer Veranstaltung, damit Sie durch den entstehenden Zeitaufwand und die Kosten nicht überrascht werden!

Die Inszenierung zählt

Behalten Sie bei der Planung stets die Veranstaltungsdramaturgie im Auge! Legen Sie Wert auf einen interessanten Ablauf, bei dem die einzelnen Veranstaltungspunkte so aufeinander aufbauen, dass für Ihre Teilnehmer ein spannendes Programm entsteht.

Beispiel: Wo bleibt die Spannung?

 Sabine A., Veranstaltungskoordinatorin eines Biotechnologie-Unternehmens, schildert den Ablauf eines Symposiums: „Unsere Teilnehmer waren an einem Mittwochabend ab 19 Uhr zu einem wissenschaftlichen Symposium zum Thema „Neue Wege in der Biotechnologie" geladen. Zur Begrüßung haben wir unsere Gäste mit leckeren Speisen vom Buffet und ausgewählten Weinen verwöhnt. Um 20 Uhr wurden die gesättigten, zufriedenen Teilnehmer in den Vortragsraum begleitet. Der Referent trat, bewaffnet mit einem ganzen Folienordner, an das Rednerpult und las den Titel seines 90-minütigen Vortrags vor – damit konnte jeder ahnen, dass ihn heute nichts Überraschendes mehr erwarten würde. Der Saal wurde abgedunkelt und der Referent legte nach

> und nach 87 Folien auf und las jeweils mit sonorer Stimme ab,
> was darauf geschrieben stand. ... Und unsere Teilnehmer? Die
> nickten einer nach dem anderen ein."

Machen wir uns so viel Mühe und investieren so viel Geld um
unsere Teilnehmer – ob real oder nur mental – einzuschlä-
fern? Achten Sie auch und gerade bei „schwer verdaulichen"
Vortragsthemen auf die Aktivierung und Einbindung der Teilnehmer und den Unterhaltungswert Ihrer Veranstaltung! Und
nehmen Sie Rücksicht darauf, was Ihre Teilnehmer bereits
hinter sich haben, bis sie Ihre Gäste werden (wie Anreise,
Arbeitstag etc.).

Auf die Zielgruppe abgestimmt

Stimmen Sie Ihre gesamte Teilnehmer-Kommunikation – sowohl alle werblichen Maßnahmen in der Vorphase als auch
den Kontakt mit den Gästen während der Veranstaltung – voll
und ganz auf Ihre Zielgruppe ab. Unsere Gäste wollen sich
während aller Phasen stets persönlich angesprochen fühlen,
sonst erlahmt ihr Interesse. Entscheidend sollte nicht sein,
was Sie Ihren Teilnehmern an Informationen und Fakten
mitteilen möchten, sondern was diese aufnehmen, erfassen
und umsetzen können! Ein Zuviel an Information überfordert,
zu wenig Inhalt langweilt – in beiden Fällen sind Ihre Gäste
nicht mehr aufmerksam.

Den Spannungsbogen aufbauen

Ganz gleich, welche Veranstaltungsart: Der Ablauf will geplant und durchdacht sein, um einen Spannungsbogen zu
kreieren und einen logischen Ablauf zu gewährleisten. Glie-

dern Sie Ihre Veranstaltung in Einstieg bzw. Eröffnungsteil, Mittelteil und Finale. Jeder dieser Abschnitte benötigt sorgfältige Planung und eigene Inhalte, damit Aufmerksamkeit und Spannung nicht auf der Strecke bleiben:

- **Einstieg / Eröffnungsteil:** Hier stimmen Sie Ihre Teilnehmer auf die Veranstaltung ein und bieten ihnen Einstiegshilfen wie Handouts, Eröffnungsfragen etc. zum Themengebiet. Der Eröffnungsteil soll den Besuchern helfen, den Inhalten und Geschehnissen – möglichst mit Spaß – folgen zu können.

- **Mittelteil:** Achten Sie auf ausreichende Informationsvermittlung und Aktivierung der Teilnehmer, wie Diskussionen oder Aktionen, aber auch auf den Unterhaltungsaspekt und ein ausgewogenes Timing der einzelnen Bausteine.

- **Finale:** Das Finale ist der geplante Abschluss und kann – je nach Veranstaltungsart – von einer reinen Zusammenfassung der wichtigsten Inhalte bis hin zum emotionalen „Paukenschlag" reichen. Das Finale soll positiv und darf gefühlsbetont sein, es soll Ihren Teilnehmern in Erinnerung bleiben, ein Ausrufezeichen setzen und sie zu einer Handlung aktivieren.

Teilnehmer, die eine Veranstaltung erst einmal als langweilig erlebt und abgespeichert haben, werden nur schwer zum Besuch einer Folgeveranstaltung des gleichen Gastgebers zu bewegen sein. Nehmen Sie sich daher regelmäßig Zeit für einen ersten Selbst-Check:

Checkliste: Langweile vermeiden

- Wo, wann, wobei würden Sie sich bei Ihrer Veranstaltung langweilen?
- Welche Programmpunkte wie Reden, Vorträge, Filme etc. empfinden Sie als zu lang?
- Wie ließen sich diese ändern?

Im folgenden Beispiel sehen Sie, wie die Teilnehmer eingebunden, aktiviert und motiviert werden können – zum Vorteil aller. Es genügt heute einfach nicht mehr, einen Speaker zu buchen – Sie müssen stets den gesamten Ablauf aus Sicht der Gäste im Auge behalten und sich überlegen, an welchen Stellen Sie Höhepunkte oder Pausen einplanen, damit sie mit Vergnügen folgen können.

Beispiel: Die Teilnehmer sind gefragt

 Johanna G. hat einen Journalistenkongress erlebt, der ihr im Gedächtnis bleiben wird: „Gleich bei der Registrierung wurde ich gefragt, welches für mich der wichtigste Programmpunkt der Veranstaltung sei, dann wurde ich fotografiert – natürlich erst nachdem ich mein Einverständnis gegeben hatte. Praktisch zeitgleich wurden die Fotos gemeinsam mit meinem Statement auf die Großleinwand zu den Teilnehmern im Saal übertragen, die bereits eingecheckt hatten. Sie sahen also, wer als nächstes hereinkommt und hatten gleich einen interessanten Einstieg für ein Gespräch. Während der Kaffeepausen wurden Teilnehmer, die dazu bereit waren, sich zur Veranstaltung zu äußern, interviewt und ihre Beiträge gefilmt. Später hat man uns einen Zusammenschnitt präsentiert. Daran schloss sich eine richtig lebendige Diskussion unter uns Journalisten an – wir konnten ja an das bereits Gesagte anknüpfen. So war die Schwellenangst, die so manchen ja an einem Gesprächsbeitrag hindert, schon überwun-

den. Beim Finale wurde uns dann noch als persönliches Versprechen für unsere Zukunft entlockt, welchen Punkt des beim
Kongress Gelernten wir in den nächsten Wochen bei uns oder in
unserem Umfeld anpacken werden. Zwei Wochen später erfolgte
dann eine Nachfassaktion mit der Frage: Was haben Sie bereits
umgesetzt? Die spannendsten / lustigsten / erfolgreichsten Storys
würden allen Teilnehmern zugeschickt und mit einem Freiticket
für den nächsten Kongress belohnt – ich hoffe, ich bin dabei!"

Falls Teilnehmer Ihre Veranstaltungen häufiger besuchen oder
Sie Veranstaltungsreihen planen: Spielen Sie mit Umset-
zungsvarianten – bereits Bekanntes langweilt Menschen
schnell. Finden zum Beispiel Ihre jährlichen Führungskräfte-
tagungen üblicherweise im 5-Sterne-Hotel statt, laden Sie
doch beim nächsten Mal unter dem Motto „Wir starten richtig
durch" auf eine Rennstrecke wie den Hockenheimring ein –
Ihrer Kreativität sind keine Grenzen gesetzt!

Wie Ihre Veranstaltung besonders und einzigartig wird

Ihre Zielgruppe besteht aus Menschen, denen Sie behilflich
sein sollten, die angebotenen Informationen, Details, Aspekte
etc. zu erfassen und zu verinnerlichen. Bildlich gesprochen:
„Der Köder muss dem Fisch schmecken, nicht dem Angler."
Achten Sie deshalb auf ein ausgewogenes Verhältnis zwischen Spannung und Entspannung, Informationsvermittlung
und Aktivierung. Je stärker sich die Teilnehmer angesprochen
fühlen, desto nachhaltiger ist die Wirkung Ihrer Veranstal-
tungsbotschaft. Wenn Sie bei einer Kundenveranstaltung Ihre

gesamte Produktpalette mit allen hochinteressanten Details in einer zweieinhalbstündigen Powerpoint-Präsentation vorführen, haben Sie zwar ein Höchstmaß an Informationen herausgegeben, aber sicher nur ein Mindestmaß an Aufmerksamkeit erzielt. Gestalten Sie Ihre Veranstaltungen und Events deshalb so, dass Sie die Teilnehmer

- abholen und mitnehmen (Inszenierung, Erlebnis),
- ihnen etwas mitgeben (Erfahrung, Wissen),
- sie faszinieren (Überraschung, Neuheiten),
- mit allen Sinnen ansprechen (Aktivierung, Abenteuer).

Eine Veranstaltung besonders und einzigartig zu gestalten, ist gleich aus mehreren Gründen wichtig:

- Sie soll sich von den Veranstaltungen Ihres Wettbewerbs abheben,
- sie soll mit Ihrem Unternehmen (und nicht nur mit Ihrer Branche) verknüpft werden,
- über Ihre Veranstaltungen soll positiv berichtet werden,
- sie soll den Teilnehmern Lust auf den Besuch Ihrer nächsten Veranstaltungen machen.

Das reine „Toppen" früherer Veranstaltungen nach dem Motto „höher, weiter, teurer" bringt auf die Dauer keinen Erfolg und ein hervorragendes Marketinginstrument würde finanziell untragbar. Gefragt sind vielmehr Originalität, der nachhaltige Eindruck, das Erlebnis und der Mehrwert Ihrer Veranstaltung.

Punkten Sie mit originellen Ideen

Egal, in welcher Branche: Wenn der Veranstaltungsinhalt durch eine originelle Umsetzung erlebbar gemacht wird, kann man die Teilnehmer für sich einnehmen. Etwa bei der Wahl der Veranstaltungslocation, des Referenten, der angebotenen Speisen und Getränke. Ein nachhaltiger Eindruck würde bei einem Sektempfang anlässlich einer Buchpräsentation im Tagungshotel kaum entstehen – wenn freilich dieser Sektempfang auf einem großen historischen Segelschiff im Deutschen Museum in München stattfindet, weil die Handlung des Buches auf einem Schiff spielt, so wird diese Veranstaltung den Teilnehmern stärker und positiver im Gedächtnis bleiben.

Übrigens: Ein lebendiges Motto führt Sie fast automatisch zu spannenden Umsetzungsideen (siehe „Das Erfolgsduo: Ziel und Motto", S. 42). Entwickeln Sie außergewöhnliche Veranstaltungsideen und nutzen Sie die Kreativität, die in Ihnen steckt. Versuchen Sie es doch mal: Was fällt Ihnen beispielsweise anlässlich eines Mitarbeiterfestes bei einem Motto wie „Jetzt heben wir ab" ein? Im nächsten Abschnitt finden Sie mögliche Umsetzungsideen dazu.

Lassen Sie Ihre Teilnehmer etwas erleben!

Eines wurde sicher schon deutlich: Achten Sie darauf, die Teilnehmer nicht mit Endlos-Präsentationen zu langweilen, bei denen die einzige Spannung darin besteht zu raten, ob der Text bei der nächsten Folie wohl von links unten nach rechts oben oder umgekehrt ins Bild schwebt. Bei einer guten Ins-

zenierung kommt es darauf an, möglichst viele Sinne anzusprechen, um Ihre Botschaft erlebbar zu machen. Je erfolgreicher Ihren dies gelingt, desto aktiver beteiligen sich Ihre
Teilnehmer. Überlegen Sie also, welche Sinne Sie mit welchen
Veranstaltungselementen und -bausteinen ansprechen können und möchten.

So sprechen Sie die Sinne an	
Wahrnehmung	**Beispiele zur Einbindung der Sinne**
visuell	Bühne, Farben, Effekte, Projektion, Kostüme, Beleuchtung
auditiv	Saal / Raum-Akustik, Stimmen, Musik, Surround-Sound-Effekte
gustatorisch	Speisen, Getränke – von Aperitif bis Dessert
haptisch	Effekte, Interaktion, Tanzen
olfaktorisch	duftende Speisen und Getränke, Effekt-Düfte, Aromen

Für unser Beispiel-Motto „Jetzt heben wir ab" könnte das so
aussehen:

Beispiel: Alle Sinne ansprechen

 Ihre Veranstaltung findet im Lufthansa Flight Training Center in
einem der Trainingsflugzeuge statt, das in „Ihr Firmenflugzeug"
verwandelt wurde (Farbe, Logo, Kopfstützenschoner etc.). Ihre
Teilnehmer werden mit Hilfe der Flugzeugtrollys bewirtet –
natürlich alles First Class. Entwickeln Sie Ihre eigene Story: Soll
Ihr Chef der Pilot sein, die Empfangsdame die Stewardess etc. –
oder möchten Sie die Rollen mal vertauschen? Soll beim Flug

alles glatt gehen oder wird es einen Triebwerksausfall geben und Ihre Kollegen und Sie müssen Maschine und Passagiere retten? Sie sind Regisseur Ihres eigenen Films – viel Spaß dabei!

Schaffen Sie einen Mehrwert

Holen Sie Ihre Teilnehmer dort ab, wo diese stehen! Dafür gilt es herauszufinden, welche Vorkenntnisse und Erfahrungen sie schon mitbringen, welche Erwartungen aufgrund früherer Veranstaltungen von Ihnen oder Ihren Wettbewerbern bestehen und welche Vorkenntnisse zu Ihrem Unternehmen und Ihren Produkten vorhanden sind. Ist dies geklärt, können Sie sich daran machen, einen Zusatznutzen zu definieren, um dadurch den „Wert" Ihrer Veranstaltung zu erhöhen. Welche Informationen, Produkte, Personen interessieren die Besucher besonders? Wenn Sie diese Frage nicht beantworten können, richten Sie sie doch mal an Ihre Zielgruppe! Der Aufwand lohnt sich: Die Erwartungen Ihrer Zielgruppe sind die Messlatte für deren Bewertung Ihrer Veranstaltung. Wenn Sie einem Besucher einen Punkt, der ihm persönlich wichtig war, vorenthalten, wird er Ihre Veranstaltung kaum als Erfolg werten!

Achten Sie darauf, dass der Mehrwert in der Veranstaltung selbst liegt – etwa weil Ihre Teilnehmer dort Nützliches, Interessantes etc. bekommen, das ihnen sonst fehlt. Und weil Ihre Gäste dort auf spannende Menschen treffen, denen sie sonst nicht begegnen und mit denen sie sich auf Ihrer Veranstaltung unterhalten und austauschen können.

Beispiel gefällig? Bei einer Produktschulung werden die Teilnehmer gefragt, welche positiven oder auch negativen Erfahrungen sie bereits mit dem Produkt gemacht haben und wie
sie das Produkt nach der Schulung konkret einsetzen möchten. Mit diesem Hintergrundwissen können Sie zielgerichtet
beim Wissensstand der Teilnehmer einsteigen. Denken Sie
daran: Bekanntes langweilt, zu hohes Einsteigen frustriert.
Zudem kann der Trainer jetzt individuelle Problemlösungen
bieten und damit den Nutzen für die Teilnehmer weiter
erhöhen. Die Teilnehmer werden außerdem angeregt, sich zu
einer Art Expertennetzwerk zusammenzuschließen – dieses
Netzwerk wird im Nachgang der Veranstaltung weiter geför-
dert und lebendig gehalten.

Konstanten der Planung

Zu Beginn der Veranstaltungsplanung und -organisation liegt
das Projekt Veranstaltung erst einmal wie ein unüberschau-
barer Berg vor Ihnen. Die folgenden Anregungen sollen Ihnen
helfen, Ihre Aufgabe zunächst in den Grundzügen zu erfassen
und in „Häppchen" zu gliedern.

Gliedern und Vorlauf einplanen

Bei der Planung und Organisation werden Sie in vielen kleinen
Teilschritten arbeiten, die ineinander greifen, nacheinander
oder parallel verlaufen. Diese finden Sie detailliert im Kapitel
„Ihre Veranstaltung planen" (siehe ab S. 63) beschrieben. Was
Sie schon vorab bedenken sollten: Reservieren Sie ausrei-

chend Zeit für Arbeitsschritte wie Recherche, Planung, Organisation und Durchführung – und verschaffen Sie sich Sicherheitsreserven, indem Sie zeitliche Puffer festlegen! Wie groß die Vorlaufzeit jeweils sein muss, ergibt sich beispielsweise aus

- der Höhe der Teilnehmerzahl (bei Big-Events bedingt die große Teilnehmerzahl eine geringere Auswahl an möglichen Veranstaltungslocations und damit eine aufwendigere Recherche),

- Ihren geplanten Werbemaßnahmen (z. B. benötigen Sie bei einem Musikkonzert einen langen Werbevorlauf für den Kartenverkauf),

- die Art der Finanzierung (etwa der Zeitbedarf für eine professionelle Sponsoren- oder Partnersuche),

- dem Zeitpunkt (so sorgen etwa Veranstaltungen, die während anderer Großereignisse wie Messen am gleichen Ort stattfinden müssen, für längere Vorlaufzeiten bei der Hotelsuche etc.) und

- der Größe des Projekt- oder Organisations-Teams (werden die anfallenden Tätigkeiten auf wenige Schultern verteilt, wird mehr Zeit benötigt).

Mit einem Projektteam arbeiten

Vor allem bei größeren oder komplexen Veranstaltungen, also besonders vorbereitungs- und zeitintensiven Projekten, empfehle ich eine Aufteilung der Tätigkeiten auf ein Projektteam. Denken Sie vielleicht gerade „Wenn ich das selbst erledige, weiß ich wenigstens, dass es ordentlich gemacht ist." oder „Ich habe niemanden, an den ich delegieren kann."? Bedenken Sie in diesem Fall bitte, dass der Zeitaufwand je nach Veranstaltung eine enorme Belastung darstellen kann und überlegen Sie sich auch eine Lösung für die Frage, wer Sie vertreten würde, wenn Sie krankheitsbedingt ausfallen sollten.

Die richtigen Team-Player finden

Bei der Zusammenstellung erfolgreicher Projektteams sollten Sie einige Punkte berücksichtigen:

- **Know-how:** Ein Helfer, dem Sie jeden Handgriff und Gedankengang erst erklären müssen, wird Sie nicht entlasten können.

- **Kapazität:** Auch die besten Absichten nutzen nicht viel, wenn Ihr Helfer seine Aufgaben aus Zeitgründen nicht erledigen kann und diese dann doch wieder an Sie zurückfallen.

- **Kontakte:** Wer kennt jemanden, der jemanden kennt, der das hat oder kann, was ich gerade brauche? Nutzen Sie nicht nur Ihr eigenes Netzwerk, sondern auch die Kontakte Ihres Projektteams.

- **Spaß an der Sache:** Miesepeter oder lustlose Helfer verderben die Stimmung im Team und bremsen kreative Arbeit.

Aufgabenverteilung und Teamtreffen

Bei der Aufgabenverteilung ist es sinnvoll, persönliche Interessen und vorhandenes Fachwissen zu nutzen. Fragen Sie nach, Sie werden überrascht sein: Niemand ist „nur" Buchhalter oder Sekretärin, jeder hat Hobbys oder Vorkenntnisse, die sich als sehr nützlich erweisen können. Legen Sie daraufhin verantwortliche Ansprechpartner für die einzelnen Teilschritte und Aufgaben fest. Verteilen Sie die Aufgaben im Projektteam möglichst gleichmäßig, damit vermeiden Sie Unstimmigkeiten.

Das Projektteam trifft sich regelmäßig, um

- Inhalte und Abläufe zu planen,
- Aufgaben zu verteilen und im weiteren Verlauf über deren Stand und Fortschritt zu berichten,
- offene und / oder kritische Punkte zu klären.

Falls nicht alle Mitglieder des Projektteams vor Ort sind, kann die Projektsitzung auch als Telefon- oder Videokonferenz stattfinden. Die Beschlüsse dieser Projektsitzungen, wie Termine, Entscheidungen, Aufgaben, To-dos usw., werden in Form eines kurzen Stichwortprotokolls festgehalten und zeitnah an die Projektmitglieder und ggf. auch an den Vorgesetzten versandt. Kontrollieren Sie regelmäßig in kurzen Abständen, ob die Aufgaben erledigt und die Termine eingehalten werden!

Externe Partner managen

Egal, welche Veranstaltung Sie planen, mit externen Partnern, Dienstleistern oder Zulieferern werden Sie so gut wie immer zusammenarbeiten – vom Catering, den Referenten, der musikalischen Unterhaltung bis hin zur Technik und der angemieteten Location. Dabei werden Sie immer wieder vor den gleichen Herausforderungen stehen, wie

- externe Partner recherchieren,
- sich Gewissheit über deren Leistung und Qualität verschaffen,
- Angebote prüfen und Preise vergleichen,
- eine erfolgreiche Zusammenarbeit durch professionelle Kommunikation sichern,
- einen Plan B erarbeiten und mögliche Risiken durchdenken.

Wichtig für eine erfolgreiche Zusammenarbeit mit externen Partnern ist zum einen das professionelle Briefing, zum anderen eine offene Absprache Ihrer Wünsche und Erwartungen. Schwierigkeiten wie z. B. ein knappes Budget, sensible VIPs oder auch negative Erfahrungen aus der Vergangenheit sollten angesprochen werden, damit sich die externen Partner ein möglichst genaues Bild Ihrer Anforderungen machen und dies in der Planung berücksichtigen können. Die folgenden Arbeitsschritte können bei einer Zusammenarbeit mit externen Partnern für Catering, Location, Deko, Mietmöbel, Technik etc. anfallen.

Leitfaden: Zusammenarbeit mit Externen

1 **Bedarfsabfrage**: Legen Sie detailliert fest, was Sie mindestens buchen müssen und was Sie je nach Budget gerne an Zusatzleistungen hätten.

2 **Besonderheiten, Wünsche oder Vorgaben:** Erfassen Sie gute und schlechte Erfahrungen aus früheren Veranstaltungen, klären Sie Sonderwünsche des Chefs etc.

3 **Recherche**: Welche Dienstleister kommen für Sie in Frage? (Mehr zur Recherche ab S. 29.)

4 **Vorauswahl treffen**: Reduzieren Sie die Anzahl möglicher Anbieter auf drei bis maximal fünf pro Bereich. Von Vorteil könnte sein, dass der Dienstleister in der geplanten Veranstaltungsart erfahren ist, Ihr Unternehmen kennt, gute Empfehlungen hat oder in der Nähe Ihrer Firma ansässig ist.

5 **Briefing des externen Partners**: Ein professionelles und ehrliches Briefing ist die Grundlage für ein seriöses und vollständiges Angebot. (Mehr zum Briefing auf S. 36.)

6 **Gewissheit verschaffen über Leistungen und Qualität**: Scheuen Sie sich nicht, bei Referenzen nachzufragen, welche Erfahrungen diese mit dem Dienstleister gemacht haben. Künstler und Referenten sollten Sie live gesehen haben, bei Caterern ist ein Probeessen gemäß Ihren Veranstaltungs- und Budgetvorgaben sinnvoll.

7 **Angebote vergleichen**: Hier vergleichen Sie nicht nur Preise, sondern auch die dazugehörigen Leistungen. Sie erkennen seriöse Anbieter – neben deren Erfahrung und Know-how – auch daran, dass sie sich nicht auf Preisdumpings einlassen.

8 **Auftragserteilung**: Nach eventuellen Nachverhandlungen zu Preis und Leistungen wird es Zeit für die Auftragserteilung. Prüfen Sie vor Ihrer Unterschrift „das Kleingedruckte" im Vertrag und die Allgemeinen Geschäftsbedingungen Ihrer Partner! Halten Sie bei Vereinbarung von abweichenden Bedingungen diese schriftlich im Vertrag fest.

9 **Rechtzeitige Installation**: Klären Sie die Anforderungen der Partner an den Veranstaltungsort (z. B. besondere Zufahrtswege, Starkstrom, Breite der Eingangstüren etc.) und planen Sie ausreichend Zeit für Aufbau und Installation ein. Gegebenenfalls müssen Sie dafür Auf- und Abbauzeiten in der Veranstaltungslocation buchen.

10 **Test und Probe**: Vor allem bei Präsentations-, Licht- und Soundtechnik besonders wichtig!

11 **Und Los!** Ihre Veranstaltung läuft. Nun liegt es an Ihnen bzw. der Projektleitung vor Ort, die Leistungen zu überwachen, die Zusammenarbeit zu steuern und wenn nötig einzugreifen.

12 **Feedback**: Wo immer Sie sich sofortige Änderungen wünschen oder anderes vereinbart war, geben Sie sofort Feedback! Nur so kann der externe

Dienstleister noch nachbessern. Wenn Sie mit allem zufrieden sind, reicht ein kurzes persönliches Feedback nach der Veranstaltung. Denken Sie daran: Stillschweigen wird als Zustimmung gewertet – in Ihrem Sinne verbessern können sich Ihre externen Dienstleister nur, wenn Sie ihnen sagen, was sie verändern sollen!

13 **Abrechnung**: Die Rechnungsstellung durch den externen Partner sollte möglichst zeitnah nach der Veranstaltung erfolgen. Preisminderungen können Sie nur bei „ernsthaften" Abweichungen vom Auftrag aushandeln. Das bedeutet, nur wenn der Dienstleister bereits während der Veranstaltung auf die Mängel hingewiesen wurde und so die Möglichkeit zum Nachbessern im Sinne einer ordnungsgemäßen Auftragserfüllung hatte, können Sie einen Nachlass fordern.

So klappt die Zusammenarbeit

Einige Punkte sollten Sie stets beachten, damit Sie mit externen Dienstleistern langfristig erfolgreich arbeiten können. Das bewahrt Sie nicht nur vor Ärger, Sie treten damit auch als professioneller Gesprächspartner auf, dem man so leicht nichts vormachen kann.

Betrachten Sie die Weitergabe von Informationen als Ihre Bringschuld – nicht als Holschuld Ihrer Partner! Informieren Sie Ihre externen Dienstleister zeitnah und regelmäßig über alle Details und Änderungen, die ihn mit betreffen.

Halten Sie alle mündlichen Vereinbarungen immer auch schriftlich fest. Auf diese Weise werden Missverständnisse rechtzeitig ausgeräumt und Sie beugen vor, dass nichts vergessen wird. Auch wenn die Schuld für eine missglückte Veranstaltung beim Dienstleister liegt, retten lässt sie sich nicht mehr.

Für qualifizierte Angebote werden Preise, Kapazitäten und Leistungen genau kalkuliert. Achten Sie deshalb darauf, erst dann verbindliche Absprachen zu treffen oder Verträge zu schließen, wenn Sie sich Ihrer Sache sicher sind. Häufig kommt es gerade in der Zusammenarbeit mit Locations und Hotels zu Spannungen, wenn gebuchte Leistungen kurzfristig doch nicht benötigt werden. Generell sind vertraglich vereinbarte Stornofristen für beide Vertragsparteien bindend. Daher ist es wichtig, die Angebote und Allgemeinen Geschäftsbedingungen vor Unterschrift sorgfältig zu prüfen – damit Sie auch wirklich wissen, was Sie mit dem Vertrag außer der gebuchten Leistung noch alles akzeptieren.

Wann und wozu brauchen Sie Profis?

Immer, wenn es darauf ankommt: Besser erfahrene Partner beauftragen, solange man selbst (noch) keiner ist. Sicher gibt es Veranstaltungen, die sich gut zu Übungszwecken eignen. Bei wichtigen Teilnehmergruppen wie Kunden, Meinungsbildnern und VIPs, wenn die Presse anwesend ist oder auch wenn Sie sich für eine schwierige Veranstaltungslocation entschieden haben, ist es ratsam, mit Profis zu arbeiten!

Sollte Ihnen kein erfahrenes Projektteam zur Seite stehen, können Sie sich von Event-/ Veranstaltungsagenturen beispielsweise in folgenden Bereichen unterstützen lassen:

- Kreativität,
- Konzeption,
- Planung der Logistik (Teilnehmer und Material),
- Recherche, z. B. von Tagungsort und Location,
- Buchung und Koordination von externen Dienstleistern.

Neben einer kompletten Abwicklung durch eine Agentur besteht auch die Möglichkeit, Experten als Berater sog. Kongress-Consultants hinzuziehen. So profitieren Sie vom Fachwissen des Experten, die To-dos verbleiben jedoch in Ihrem Unternehmen, was die Kosten gegenüber einer kompletten externen Abwicklung natürlich deutlich reduziert.

> Nutzen Sie auch den Erfahrungsschatz Ihrer externen Partner! Diese können Ihnen häufig wertvolle Tipps geben, beispielsweise zu kostengünstiger Dekoration oder guten Unterhaltungsprogrammen.

Informations- und Recherchequellen nutzen

Eine besondere Herausforderung bei der Konzeption von Veranstaltungen besteht darin, stets über die aktuellen Trends und technischen Entwicklungen informiert zu sein. Was gibt es Neues im Bereich Präsentationstechnik? Welche Künstler haben ein neues Programm? Was kommt beim Catering gut an? Bleiben Sie auf dem Laufenden, denn Teilnehmer langweilen sich schnell. Um immer up to date zu bleiben, ist es wichtig, die Vielzahl der Recherchequellen sinnvoll zu nutzen.

Kontaktbörse Veranstaltungen

Besuchen Sie Veranstaltungen, machen Sie sich ein eigenes Bild und erleben Sie Dienstleister „in Aktion". Nutzen Sie diese beste aller Recherchequellen so oft wie möglich, um Ihren Horizont zu erweitern und Erfahrung zu sammeln. Sie müssen schließlich nicht jeden Fehler selbst machen – Sie können auch hervorragend von Pannen anderer lernen! Und dass Ihnen auf Messen oder im Akquisegespräch Dienstleister nur das Beste über ihre Leistungen berichten, versteht sich doch von selbst ...

Checkliste: So prüfen Sie andere Veranstaltungen
■ Was finden Sie bemerkenswert (positiv oder negativ) hinsichtlich der Veranstaltungsinhalte, -ablauf etc.?
■ Was kommt bei den Teilnehmern gut an?
■ Welche Dienstleister sind vor Ort, die Sie auch einsetzen würden?
■ Was läuft weniger gut?
■ Wo gibt es Engpässe, Wartezeiten etc., die Sie bei eigenen Veranstaltungen vermeiden wollen?

Internet

Auf den ersten Blick ist das Internet mit seiner Fülle an Einträgen das perfekte Recherchetool. Es eignet sich jedoch nur für einen groben Überblick und den ersten Kontakt. Ob die Angaben auf einer Homepage aktuell sind und sich die Versprechungen mit der Realität decken, müssen Sie erst in Erfahrung bringen. Einige interessante Rechercheadressen finden Sie in den folgenden Kapiteln.

Event-Messen

Bereiten Sie sich auf Ihre Messebesuche gründlich vor! Das Angebot auf Veranstaltungsmessen ist groß, vielfältig und manchmal auch verwirrend. Prüfen Sie im Vorfeld, zu welchen der vertretenen Dienstleistungsbranchen Sie aktuell Kontakt benötigen. Über die Internetseite der jeweiligen Messen können Sie in Erfahrung bringen, welche Aussteller vor Ort vertreten sein werden. Je nach Informationsbedarf können Sie Gesprächstermine auf der Messe vereinbaren oder vor Ort Kontakt aufnehmen. Prüfen Sie über die Internetseiten der für Sie interessanten Aussteller vorab deren Angebot, Referenzen, Erfahrungen u. Ä.

Ständig werden neue Veranstaltungs- und Eventmessen ins Leben gerufen – hier eine Auswahl:

- **Best of Events:** Fachmesse für Live-Marketing und Veranstaltungsservices. Hier treffen Sie unter den Ausstellern Agenturen, Anbieter und Freelancer für Kreation, Planung und Durchführung von Events, Veranstaltungstechnik, Ca-

tering, Zeltbau, Locations und Destinations, Anbieter von
Kongressen, Tagungen und Incentives, Künstler und Live-
acts. Die Best of Events findet alljährlich in Dortmund
statt. Termine und Infos unter www.bo-e.de.

- **IMEX:** Steht für „The essential worldwide exhibition for
  incentive travel, meetings and events". Auf der IMEX präsentieren sich Unternehmen aus über 150 Ländern – na-
  tionale und internationale Tourismusbüros, Hotelgruppen,
  Fluggesellschaften, Destination Management Companies
  (sog. DMCs), Dienstleister, Branchenverbände und viele
  mehr. Die IMEX findet jährlich in Frankfurt statt, Termine
  und Infos unter www.imex.frankfurt.de.

- **stb marketplace:** Die STB richtet sich an Veranstaltungsplaner, Seminar- und Kongressorganisatoren. Besonders
  interessant: Diese Messe findet jährlich in fünf verschiedenen deutschen Städten statt – 2010 in Hamburg, Essen,
  Stuttgart, Frankfurt und München – also sicher auch einmal in Ihrer Nähe. Es präsentieren sich Aussteller aus den
  Bereichen Seminare, Tagungen, Kongresse, Rahmenprogramme, Incentives, Events und Personalentwicklung. Termine und Infos unter: www.mice.ag/stbmarketplace.

Hilfreiche Ansprechpartner

Besonders empfehlen kann ich folgende Ansprechpartner
-zum einen, weil sie den Zeitaufwand für Recherche deutlich
reduzieren helfen, zum anderen weil ihre Leistungen für
Bucher kostenlos sind. Scheuen Sie sich nicht, die Angebote
dieser Partner zu nutzen und sich helfen zu lassen:

GCB – German Convention Bureau e.V.

Das GCB ist zentraler Ansprechpartner für alle, die Veranstaltungen in Deutschland planen – und zwar für alle möglichen Arten von Veranstaltungen wie Kongresse, Tagungen, Incentives und Events. Die Leistungen des GCB, zum Beispiel Recherche und Vermittlung von Veranstaltungspartnern wie Hotels oder Veranstaltungsagenturen, Angebotserstellung und Beratung bezüglich Veranstaltungsideen werden von den Mitgliedern finanziert und sind für Sie kostenlos. Klicken Sie sich einfach mal durch die Internetseite des GCB: www.gcb.de.

Tourismusbüros und Kongressdienstleister

Sie wissen bereits, in welcher Stadt oder Region Ihre Veranstaltung stattfinden soll? Dann nutzen Sie die Leistungen von Tourismusbüros und Kongressdienstleistern. Sie bieten Informationen und Services zu Stadt und Region, Anreisetipps, Freizeitaktivitäten, Dienstleister vor Ort, Hotellerie bis hin zu direkten Buchungsmöglichkeiten.

Auf einen Blick: Basiswissen

- Sie stellen die Weichen für den Erfolg einer Veranstaltung richtig, wenn Sie diese sinnvoll mit Ihren sonstigen Marketingmaßnahmen verknüpfen.

- Eine Veranstaltung lebt auch von der sie begleitenden Kommunikation: Stellen Sie deshalb vor, während und nach der Veranstaltung über verschiedene Kanäle engen Kontakt zu den Teilnehmern her.

- Oberstes Gebot: Die Teilnehmer sollen sich nicht langweilen oder in ihren Erwartungen enttäuscht werden! Berücksichtigen Sie dies bei der Konzeption und dem dramaturgischen Aufbau.

- Eine Veranstaltung zu organisieren, ist eine komplexe Aufgabe. Damit Sie diese erfüllen können, sind eine frühzeitige Planung mit ausreichend zeitlichem Puffer sowie eine Verteilung der Aufgaben auf Partner in vielen Fällen unabdingbar.

Ihre Veranstaltung konzipieren

Jetzt gilt es, alle relevanten Fakten und Informationen zu ermitteln, zu sammeln und zu berücksichtigen–vom Budget bis hin zu Größe und den Erwartungen Ihrer Zielgruppe.

In diesem Kapitel erfahren Sie,

- wie Sie eine solide Informationsgrundlage schaffen (ab S. 36),
- wie Sie Ihre Ziele bestimmen (ab S. 40),
- wie Sie die Zielgruppe festlegen und ihre Erwartungen klären (ab S. 44),
- wie Sie die Kosten ermitteln, Ihr Budget planen und überwachen (ab S. 51),
- in welchen Fällen Sie Ihre Veranstaltung anmelden müssen und welche Abgaben zu entrichten sind (ab S. 58).

Informationen – was müssen Sie wissen?

Für die Planung, Recherche und Organisation einer Veranstaltung benötigen Sie zahlreiche Hintergrundinformationen rund um das geplante Ereignis. Der folgende Konzept- und Briefing-Leitfaden unterstützt Sie dabei, alle wichtigen Details und relevanten Fakten im Vorfeld zu bedenken und so den in der Organisationsphase anfallenden Zeit- und häufig auch Änderungsaufwand möglichst gering zu halten. Mit der Beantwortung dieser Fragen legen Sie übrigens nicht nur die wichtigsten Grundlagen Ihrer Veranstaltung fest, der Leitfaden kann Ihnen auch als Briefing-Grundlage dienen (ausführlichere Informationen zu den einzelnen Themen finden Sie in den nachfolgenden Kapiteln ab S. 40).

Konzeption und Briefing-Leitfaden
1   **Anlass / Ziel: Um welche Art von Veranstaltung handelt es sich?** Was ist der Anlass, was der vordringliche Zweck, was das Ziel Ihrer Veranstaltung? Information, Motivation, Unterhaltung? Um diese zentralen Punkte wird Ihr gesamtes Veranstaltungskonzept aufgebaut.
2   **Zielgruppe: Wer kann, wer soll, wer muss Ihre Veranstaltung besuchen?** Handelt es sich um eine öffentliche oder eine geschlossene Veranstaltung? Sollen nur unternehmensinterne Teilnehmer oder auch externe Gäste, wie Kunden, Multiplikatoren,

Meinungsbildner etc. eingeladen werden? Werden Ihre Gäste mit Begleitperson(en) geladen? Aus diesen Fragen ergibt sich neben der Teilnehmerzahl beispielsweise auch die Vorlaufzeit für die Einladungen.

3 **Budgetierung: Wie viel darf Ihre Veranstaltung kosten?** Gibt es bereits ein festes Budget oder haben Sie Erfahrungswerte aus anderen Veranstaltungen? Sollen die Kosten der Veranstaltung vorab ermittelt werden? Wer trägt welche Kosten? Können / sollen Einnahmen erzielt werden, beispielsweise über Teilnahmegebühren oder Sponsoring?

4 **Inhalt / Programm: Was wird den Teilnehmern geboten?** Welche Inhalte, Referenten, Unterhaltungselemente möchten Sie einsetzen, um Ihre Veranstaltungsziele zu erreichen? Was ist für Ihre Zielgruppe interessant? Werben Sie damit in der Einladung. Wie hoch sollte der Anteil an Kommunikation der Teilnehmer untereinander und der (Inter-)Aktion sein?

5 **Veranstaltungstermin: Wann kann / soll / muss Ihre Veranstaltung stattfinden?** Werktags oder am Wochenende? Tagsüber oder abends? Gibt es einen bestimmten Termin oder ein Zeitfenster (beispielsweise bei Jubiläen)? Personen, für die eine Teilnahmeverpflichtung besteht, sollten möglichst umgehend über den geplanten Termin informiert werden.

6 **Veranstaltungsdauer: Wie lange soll Ihre Veranstaltung dauern?** Eintägig oder mehrtägig? Mit festem Ende oder „auslaufend"? Soll es ein Rahmenprogramm und / oder ein Partnerprogramm für Begleitpersonen geben?

7 **Veranstaltungsort / Location: Wo soll Ihre Veranstaltung stattfinden?** Möchten Sie firmeninterne Räumlichkeiten nutzen oder externe? Schwebt Ihnen eine ungewöhnliche, exklusive Event-Location vor oder bevorzugen Sie logistisch weniger aufwendige Räume (z.B. Tagungshotel)?

8 **Aufgabenverteilung / Projektplanung: Von wem wird was erledigt?** Sollen bestimmte Aufgabenpakete an externe Dienstleister oder Agenturen vergeben werden oder möchten Sie die komplette Veranstaltung intern planen, organisieren und durchführen? Sind Sie Einzelkämpfer oder können Sie Kollegen, Praktikanten oder Azubis unterstützen? Aufgaben und Zuständigkeiten müssen genau definiert vergeben werden – Unklarheiten oder Pannen entstehen an den Schnittstellen!

9 **Rechtliche Pflichten: Welche rechtlichen Vorgaben sind zu beachten?** Müssen Sie für Ihre Veranstaltung Genehmigungen einholen? Muss Ihre Veranstaltung angemeldet werden? Müssen Abgaben entrichtet werden, etwa an die GEMA (www.gema.de) oder die Künstlersozialkasse (www.kuenstlersozialkasse.de)?

10 **Fanden in der Vergangenheit bereits vergleich-
bare Veranstaltungen statt?** Wenn ja, prüfen Sie
alle für Sie relevanten Informationen wie Teilnehmerzahl, No-show-rate, Budget und tatsächliche
Kosten, Vorbereitungsaufwand, Pannen sowie
Feedback der Teilnehmer.

Sie merken: Die Fragen bauen aufeinander auf. Erst wenn ich
eine Vorstellung über die zur Verfügung stehenden finanziellen Mittel habe, kann ich mich mit Programm oder Catering
befassen. Erst, wenn der Termin steht, kann ich mit der
Recherche und Auswahl der passenden Location beginnen etc.

Vielleicht werden Sie zunächst nur einen Teil dieser Fragen
selbst beantworten oder Sie können noch nicht in der Aus-
führlichkeit antworten, wie Sie es sich wünschen. Dann
scheuen Sie sich nicht, das Wissen Ihrer Kollegen zu nutzen,
und beschäftigen Sie sich möglichst im Team mit der Klärung
der Schlüsselfragen aus dem Konzept- und Briefing-Leitfaden.
Über hilfreiches Hintergrundwissen können beispielsweise
Personen verfügen,

- die in Ihrem Unternehmen an früheren Veranstaltungen
dieser Art mitgearbeitet haben,

- die sonstige Veranstaltungserfahrung besitzen (etwa weil
sie privat in Vereinen, Verbänden oder politisch engagiert
sind),

- die in veranstaltungsrelevanten Bereichen wie Personal,
Finanzen, Marketing, Presse und Öffentlichkeitsarbeit tätig
sind.

Auch wenn sich manches vielleicht erst während der konkreteren Planung oder sogar erst in der Durchführungsphase ergibt: Klären Sie die noch unbeantworteten Punkte und halten Sie diesen Leitfaden möglichst stets aktuell! Damit legen Sie den Grundstein für die gesamte weitere Planung, machen Wünsche und Aussagen verbindlich und halten den Änderungsaufwand deutlich geringer.

Ziele – was möchten, was müssen Sie erreichen?

Legen Sie messbare und realistische Ziele für Ihre Veranstaltung fest. Ohne klare Ziele können Sie nicht feststellen, ob und wann Sie von Ihrem Weg abkommen – oder ob Sie bereits angekommen sind! Eine hilfreiche Frage zur Zielermittlung kann sein: Was soll unsere Veranstaltung bewirken und was soll nach der Veranstaltung anders sein?

Ziele definieren

Wichtig bei der Bestimmung von Zielen – auch im Hinblick auf eine spätere Erfolgsmessung – ist, dass sie konkret, messbar, vollständig und für alle Verantwortlichen unmissverständlich sind. Allen Verantwortlichen und Beteiligten muss die Relevanz der Ziele für das Unternehmen und die eigene Rolle für die Zielerreichung unbedingt klar sein, damit sie sich mit ihrer ganzen Kraft für die Realisierung einsetzen.

Klären Sie frühzeitig, ob Sie zur Zielerreichung interne oder externe Hilfe, Informationen oder Manpower benötigen. Setzen Sie Schwerpunkte und unterteilen Sie mehrere Ziele in Haupt- und Nebenziele: Was ist das vordringliche oder eigentliche Ziel Ihrer Veranstaltung (was *muss* erreicht werden)? Welche Ziele sollen noch realisiert werden (was *kann* erreicht werden)? Sorgen Sie dafür, dass alle an der Planung und Organisation Beteiligten diese Ziele präsent haben.

Veranstaltungs-Hauptziele sind häufig quantitative und damit auch einfach zu messende Ziele wie

- Neukundengewinnung,
- Umsatzsteigerung, z.B. eine festgelegte Anzahl / Höhe von Aufträgen,
- Informationsvermittlung, Weiterbildung,
- eine bestimmte Teilnehmerzahl.

Bei den Nebenzielen finden sich meist die qualitativen, „weichen" und schwerer messbaren Ziele wie

- Mitarbeitermotivation, Stärkung des Wir-Gefühls,
- Verbesserung der Kundenbeziehungen,
- Imagepflege,
- Steigerung des Bekanntheitsgrades,
- Besucherzufriedenheit,
- Kommunikation und Austausch,
- angenehmes Ambiente und positive Atmosphäre.

Denken Sie schon bei der Zielfestlegung im Sinne Ihrer Teilnehmer! Die Ziele, die Sie mit Ihrer Veranstaltung verfolgen, sind Dreh- und Angelpunkt Ihrer Planung. Sie werden auf alle weiteren Planungsschritte Einfluss nehmen und sollten bei allen Entscheidungen berücksichtigt werden.

Spannende Hinweise können sich auch aus den Erfahrungen bei früheren Veranstaltungen ergeben. Wann immer sich Ihnen die Möglichkeit bietet, nutzen Sie die Chance, Fragen zu früheren Veranstaltungen der gleichen Art zu stellen.

Checkliste: Erfahrung nutzen
▪ Was waren die (detaillierten!) Ziele der Veranstaltungen?
▪ Wie hoch war das Veranstaltungsbudget? Gab es Abweichungen? Wenn ja, wofür?
▪ Wurden die Ziele erreicht? Wurde die Veranstaltung als Erfolg gewertet? Warum?
▪ Was kam bei der Veranstaltung besonders gut an? Was weniger gut? Wo gab es Pannen?
▪ Was blieb den Teilnehmern in Erinnerung? Kann / soll hierauf aufgebaut werden?

Das Erfolgsduo: Ziel und Motto

Sind Sie sich über Ihre Ziele klar, denken Sie doch einmal darüber nach, ob sich daraus nicht ein Veranstaltungstitel oder ein Motto ableiten lässt. Ein Motto soll die Teilnehmer auf die Veranstaltung einstimmen, Neugierde wecken und

Lust auf die Teilnahme machen. Wichtig ist hierbei jedoch, dass die Inhalte, die geboten werden, auch wirklich stimmig zum gewählten Motto sind und dass das Motto in allen Veranstaltungsbausteinen erlebbar wird. Sehr beliebt sind zurzeit englische Mottos – diese sind aber nur sinnvoll, wenn Sie sicher sein können, dass sie von Ihrer Zielgruppe auch verstanden werden! Meiner Erfahrung nach wirkt ein Motto in der konzeptionellen Phase wie ein Katalysator für Kreativität.

Beispiel: Wie das Motto zu Veranstaltungsideen führt

 Nehmen wir einmal an, Ihre Veranstaltung muss aus welchen Gründen auch immer in Frankfurt am Main stattfinden. Ohne Motto werden Sie geneigt sein, wieder das schon bewährte, Tagungshotel, Restaurant etc. zu buchen. Trägt Ihre Veranstaltung dagegen ein Motto, werden Sie die Stadt unter anderem Blickwinkel betrachten. So wird Frankfurt mit dem Motto „Wir wollen hoch hinaus" zur Stadt der Wolkenkratzer, unter dem Motto „Energie – unsere Stärke" vielleicht zur Stadt am Wasser, wenn Umsatzsteigerung das Ziel ist, das sich im Motto ausdrückt, vielleicht zum Finanzplatz, oder zur Goethe-Stadt, wenn es um Themen geht, die sich damit verknüpfen lassen. Ihre Recherche nach Hotels, Locations, Restaurants, Unterhaltungsprogrammen und Künstlern sowie Rahmenprogrammen wird nun ganz anders ausfallen. Jetzt können Sie Ihre Veranstaltungsziele für die Teilnehmer (be)greifbar und erlebbar machen – die Ziele werden sich im Gedächtnis der Teilnehmer verankern.

Machen Sie sich die Mühe, ein Motto zu finden – es lohnt sich! Sie haben es wesentlich leichter, auf spannende Umsetzungsideen zu kommen, und machen Ihre Veranstaltungen – gerade wenn diese mehrfach in der gleichen Stadt stattfinden – interessanter und abwechslungsreicher. Und Ihre Ziele werden durch den Leitspruch transparent. Ihnen fallen keine Mottos ein? Warum nicht zu einem Wettbewerb unter Mitarbeitern, Kollegen oder Freunden aufrufen: „Wir suchen das lustigste, spannendste oder ungewöhnlichste Veranstaltungsmotto". Sie werden staunen, wie viele Top-Ideen eintrudeln. Und vielleicht möchten Sie den Gewinner ja zu Ihrer Veranstaltung einladen.

Ihre Zielgruppe – wer gehört dazu, was wird erwartet?

Stellen Sie die Teilnehmer Ihrer Veranstaltung in den Mittelpunkt aller Planungsaktivitäten! Denken Sie daran: In erster Linie müssen sich Ihre Besucher wohl fühlen und das erhalten, wofür sie gekommen sind – im Idealfall sogar noch etwas mehr. Damit steht und fällt der Erfolg Ihrer Veranstaltung. Mittlerweile sind die Erwartungen hoch, denn Ihre Teilnehmer sind Veranstaltungen gewöhnt und dadurch natürlich auch verwöhnt. Ein gutes Catering, eine nette Location, ein interessanter Vortrag – das setzen die meisten Teilnehmer zu Recht als selbstverständlich voraus. Bestimmen Sie deshalb Ihre Zielgruppe(n) so genau wie möglich – das hilft Ihnen, deren Interessen und Erwartungen abzuleiten.

Zielgruppe ermitteln

Was müssen Sie konkret beachten, wenn Sie Ihre Zielgruppe(n) definieren? Hinterfragen Sie: Wen möchten Sie mit Ihrer Veranstaltung ansprechen, wer soll Ihre Veranstaltung besuchen, damit Sie Ihre Ziele erreichen können? Wenn es Ihnen beispielsweise um eine Verbesserung Ihres Firmen-Images geht, werden Sie vermutlich andere Personengruppen einladen als beim Veranstaltungsziel Umsatzsteigerung. Und gibt es Personen, die als Multiplikatoren für Ihre Ziele dienen könnten? Bereits die Anzahl der Teilnehmer zu ermitteln, kann eine Herausforderung sein, wie folgendes Beispiel zeigt:

Beispiel: Personenzahl bei einem Mitarbeiterfest

 Jessica K., Chefsekretärin eines mittelständischen Unternehmens, soll anlässlich des 25-jährigen Firmenjubiläums eine Location für das Mitarbeiterfest organisieren. Jessica erscheint die Aufgabe klar. Sie weiß, dass in ihrem Unternehmen derzeit 850 Mitarbeiter beschäftigt sind, und sie beginnt mit der Recherche passender Veranstaltungsräume. Nach einer Woche präsentiert sie ihrem Chef die Ausbeute: Sie hat in ihrer Stadt fünf schöne Veranstaltungsstätten für bis zu 900 Teilnehmer gefunden. Ihr Chef blickt sie erstaunt an und fragt, wie sie auf diese Personenzahl käme. Für ihn war es selbstverständlich, dass die Mitarbeiter ihre Partner mitbringen können, wodurch sich die mögliche Teilnehmerzahl verdoppelte. Jessica begann von Neuem mit der Suche. Als nach einigen Wochen aus der Personalabteilung die Anmerkung kam, man habe doch wohl nicht die 220 Pensionäre und deren Partner vergessen, musste die inzwischen völlig genervte Jessica ein drittes Mal mit der Recherche beginnen.

Geben Sie sich nicht mit vermeintlich klaren Begriffen wie Unternehmenszugehörige, Kunden oder VIPs zufrieden, sondern hinterfragen Sie genau, wer zum Personenkreis gehört! Das ist nicht nur wichtig, um die Teilnehmerzahl ermitteln zu können. Es spielt auch für die Planung eine erhebliche Rolle, wer Ihre Teilnehmer sind. So werden Sie beispielsweise bei einer Veranstaltung für Ihre Top-Kunden sicher mehr Geld investieren als bei der Zielgruppe Interessenten. Auch der vermeintlich klare Begriff „Kunde" verdient nähere Betrachtung: Handelt es sich um Neukunden oder um Bestandskunden? Diese bringen jeweils ganz unterschiedliches Wissen über Ihr Unternehmen und Ihre Produkte mit und haben somit einen völlig unterschiedlichen Informationsbedarf.

Erwartungen der Zielgruppe klären

Haben Sie nun genau definiert, aus welchen Personengruppen Ihre Zielgruppe besteht, können Sie deren konkrete Bedürfnisse, Erwartungen und Wünsche ermitteln. Fragen Sie dazu nach folgenden Eigenschaften Ihrer Teilnehmer:

- Alter und Geschlecht,
- Beruf, Funktion, Hierarchiestufe im Unternehmen,
- Vorkenntnisse zum Veranstaltungsthema, Bildungsstand,
- Wertmaßstäbe,
- Herkunftsort und -region,
- Nationalität, Religion und Kulturzugehörigkeit.

Durch diese Merkmale erhalten Sie eine Vielzahl wertvoller Informationen. Wenn Ihre Teilnehmer vor allem junge Männer zwischen 18 und 23 sind, werden Sie sicher ein anderes Musik- und Unterhaltungsprogramm, Speisen und Getränke etc. auswählen als bei einer Gruppe von Akademikerinnen in den Fünfzigern. Auch Wertmaßstäbe der Zielgruppe wie Umweltbewusstsein, Leistungsorientiertheit, Konsumverhalten usw. werden die Veranstaltungsplanung beeinflussen. Je ungenauer das Bild Ihrer Zielgruppe für Sie ist, desto schwieriger Ihre Aufgabe. Versuchen Sie deshalb möglichst viele Informationen über Ihre Teilnehmer zu erhalten, um die passenden Veranstaltungsbausteine auszuwählen, Art und Umfang der Informationsvermittlung festzulegen, das Rahmenprogramm auszuarbeiten etc. Hier ein Beispiel, wie es nicht laufen sollte:

Beispiel: Sommerfest mit falscher Botschaft

 Hermann G., Chef einer Maschinenbaufabrik, lud seine Angestellten und Arbeiter an einem Samstagnachmittag zum Sommerfest aufs Firmengelände, um den Zusammenhalt der Belegschaft zu fördern und eine gute Atmosphäre zu schaffen. Zur Begrüßung gab es das obligatorische Gläschen Prosecco, zum Essen Ochsen am Spieß und Schlachtplatte. Leider hatte er nicht realisiert, dass ein großer Teil seiner Belegschaft islamischer Religionszugehörigkeit ist. Dass das Fest dann auch noch während des Fastenmonats Ramadan stattfand, bestärkte die Mitarbeiter nur in der Erkenntnis, dass ihr Chef gar nicht genau weiß, wer für ihn tätig ist.

Auch kann es bestimmte Interessen bei Zielgruppen geben, auf die Sie als Veranstalter Rücksicht nehmen sollten. Planen Sie beispielsweise den Umgang mit Rauchern in der Nichtraucher-Location oder mit Fußballfans, wenn Ihre Veranstaltung auf einen besonderen Spieltag fällt. Von vornherein mit bedenken bei der Planung und Durchführung sollten Sie auch die besonderen Bedürfnisse von Kindern (altersspezifische Bedürfnisse), Senioren und Personen mit körperlichen Einschränkungen.

> Versuchen Sie, sich möglichst genau in Ihre Teilnehmer hineinzuver-
> setzen! Wo immer Ihnen das schwer fällt, sprechen Sie Personen an, die
> Ihrer Zielgruppe entsprechen, und befragen Sie diese nach ihren Erwar-
> tungen, Wünschen und Bedürfnissen. Denken Sie daran: Der Köder muss
> dem Fisch schmecken, nicht dem Angler!

Prüfen Sie Ihr Konzept hinsichtlich:

- passender und ansprechender Unterhaltung,
- relevanter, nützlicher und neuer Informationen,
- Motivation, Kommunikation und guter Stimmung.

Wenn Sie bei Ihren jeweiligen Veranstaltungsinhalten noch
nicht davon überzeugt sind, diesen Erwartungen gerecht
werden zu können, arbeiten Sie noch mal nach.

Welche Veranstaltung passt?

Wenn Sie Ihre Ziele definiert und die Erwartungen der Zielgruppe geklärt haben, sollten Sie die Art der Umsetzung Ihrer
Veranstaltung noch einmal auf den Prüfstand stellen. Gerade
weil die Idee für eine Veranstaltung oft am Anfang steht,
werden Sie nun vielleicht feststellen, dass die angedachte
Veranstaltungsart die Ziele nicht perfekt transportiert oder
die Zielgruppe nicht erreicht. Ein klares Veranstaltungsziel wie
Wissensvermittlung kann z.B. als Vortrag, Seminar oder in
Form eines Workshops umgesetzt werden–diese Möglichkeiten kennen die Teilnehmer, mit solchen Veranstaltungsarten
werden Sie daher niemanden überraschen. Sie könnten Ihr
Ziel Wissensvermittlung auch spielerisch in Form einer Know-
how-Tombola oder Wissens-Auktion aufbauen und sich hierzu

Umsetzungsmöglichkeiten einfallen lassen. Nehmen Sie sich die Zeit, aus der Vielzahl der Möglichkeiten die für Ihren Zweck passende auszuwählen.

Beispiel: Weihnachtsfeier einmal anders

 Bei der letzten Weihnachtsfeier von Jessica K.s Unternehmen, von der sich ihr Chef „Stärkung des Wir-Gefühls" versprochen hatte, ging einiges schief. Die Veranstaltung fand an einem Dienstagnachmittag zwei Wochen vor Weihnachten aus Kostengründen in den Firmenräumen statt. Damit blieb jeder der Kollegen in seiner Firmenrolle haften – so rannte natürlich jedes Mal, wenn das Telefon klingelte, Jessica. Die Taxen bestellte die Empfangsdame, der Chef hatte noch eine Besprechung und erschien erst gar nicht zur Feier. Stimmung kam so nicht auf, von einer Verbesserung des Wir-Gefühls konnte keine Rede sein.

Vielleicht erreicht das Unternehmen dieses Ziel ja in diesem Jahr. Jessicas Ideen dazu: Die Feier findet in einer benachbarten Scheune statt, die für den Abend günstig zu haben ist. Die Azubis übernehmen die Dekoration. Jessica will als Bekleidungshinweis „himmlisch oder höllisch" in die Einladung schreiben. Das Musikprogramm soll die Personalabteilung übernehmen, das Vorspielen der Weihnachtsgeschichte der Vertrieb, der Einkauf die Zubereitung eines Eintopf-Buffets – und der Chef spielt den Weihnachtsmann und schenkt Glühwein aus.

Wenn Sie Begeisterung bei den Teilnehmern erzielen möchten und Ihre Teilnehmer experimentierfreudig sind, seien Sie ruhig mutig und wagen Sie spannende, ungewöhnliche Umsetzungsformen! In der folgenden Übersicht habe ich einige Websites zusammengestellt, auf denen Sie Künstler oder Referenten finden können. Holen Sie sich hier Anregungen und Ideen oder nutzen Sie sie als Buchungstool – übrigens auch für Ihr Rahmenprogramm (siehe S. 79).

Anbieter	Website Leistungen / Schwerpunkt
Künstler, Musiker, Redner, Referenten, Trainer	
gedu Werbe- und Verlags- GmbH	www.gedu.com Künstler- und Event-Service, Künstler- katalog und Künstler-Online-Datenbank.
Kulturbörse Freiburg	www.kulturboerse-freiburg.de Internationale Messe für Bühnenproduk- tion.
ZAV (Zentrale Auslands- und Fachvermitt- lung) Künstler- vermittlung	www.zav.arbeitsagentur.de Kostenloses Serviceportal für Künstler (Musiker, Sänger, Tänzer etc.).
CSA Celebrity Speakers GmbH	www.celebrity-speakers.de Internationaler Speakerpool, Auflistung der Top-Redner, Möglichkeit der direkten Buchung.
GSA German Speakers Association	www.germanspeakers.de Die GSA vernetzt deutschsprachige Trainer, Referenten und Coaches unter- einander und mit Kollegen aus der ganzen Welt.
Marktplatz für Mitarbeiter- und Führungskräfte- qualifizierung	www.seminarmarkt.de Größte Seminardatenbank im deutsch- sprachigen Raum für die Mitarbeiter- und Führungskräftequalifizierung.

Budget planen – welche Kosten fallen an?

Kosten für die verschiedenen Veranstaltungsbausteine können während der gesamten Planungs-, Vorbereitungs- und Durchführungsphase anfallen. Um hier nicht den Überblick zu verlieren, ist es wichtig, mit einer professionellen Kostenplanung und -verfolgung zu arbeiten.

Bei der Beantwortung der Briefing-Fragen (siehe S. 36) haben Sie bereits geklärt, ob es für Ihre Veranstaltung ein festes Budget gibt, oder ob Sie die Kosten Ihrer Veranstaltung erst ermitteln und sich genehmigen lassen müssen. Nutzen Sie folgende Aufstellung – zum einen als Checkliste für die Ermittlung der Kosten aller Teilbereiche und Einzelleistungen, zum anderen als Planungshilfe, damit Sie bereits zu Beginn an wichtige Aufgaben und To-dos erinnert werden.

Passen Sie Ihre Budgetübersicht an Ihre jeweilige Veranstaltung an. Dazu könnten Sie zu Beginn Ihrer Kostenplanung eine Tabelle nach folgendem Muster erstellen:

Kostenarten/ Leistungen	Einzelpreis/ Stundenpreis	Anzahl/ Stunden	Gesamt- preis	Bemer- kungen
Aufgabe 1 ...				
Aufgabe 2				

Fügen Sie dann aus der folgenden Gesamtaufstellung die für Ihre Veranstaltung zutreffenden „Kostenverursacher" unter der Rubrik „Kostenarten / Leistungen" in die Tabelle ein. Kostenverursacher, die Ihre jeweilige Veranstaltung nicht betreffen, lassen Sie einfach weg.

Gesamtaufstellung: Kostenarten und Leistungen

1 Vorbereitungs- und Organisationsphase

Organisatorische Aufgaben wie

- Veranstaltungsplanung und Konzeption
- Recherche von Dienstleistern und Partnern
- Einholen von Angeboten
- Location-Besichtigung
- Sekretariatsdienste
- ggf. Reisekosten

Werbematerial, Einladungen etc.

- Erstellung (ggf. mit Hilfe von Texter und Grafiker)
- Druck- und Herstellung
- Konfektionierung und Verbreitung
- ggf. Porto

Veranstaltungsunterlagen und Printmaterial – von Handouts bis Menükarten

- Erstellung (ggf. mit Hilfe von Texter und Grafiker)
- Druck- und Herstellung
- ggf. auch Übersetzung

Teilnehmerregistrierung und Teilnehmerhandling

- Personalaufwand für Registrierung, Hotline, Umbuchungen, Nachfassaktionen etc.
- ggf. EDV-Programm zur Teilnehmerregistrierung

2 Durchführungsphase

Personalaufwand, beispielsweise für

- Auf- und Abbauhelfer
- Teilnehmerregistrierung
- Hostessen, z. B. für Garderobe, Teilnehmerbetreuung etc.
- Security, Ordner
- Sanitäter
- ggf. Dolmetscher
- Techniker und technischer Support
- Bei eigenem Personal ggf. Überstunden, Reisekosten etc.

Veranstaltungslocation / -stätte

- Raummiete für den Veranstaltungszeitraum
- ggf. Aufbau- / Abbauzeiten
- Raumausstattung, Bestuhlung, ggf. auch Umbau
- Dekoration, Mietmöbel
- Licht-, Sound- / Präsentationstechnik (Material)
- ggf. Parkkosten

Gästebewirtung, Catering

- Speisen, Getränke, Willkommensdrink, Pausenimbiss etc.
- Servicepersonal
- ggf. Crew-Catering
- ggf. Künstler- / VIP-Catering
- Transport, Auf- / Abbau, Handling

Hotel / Übernachtung

- Übernachtungen
- Frühstück
- ggf. Parkgebühren
- ggf. Nebenkosten im Hotel wie Internet, Minibar etc. (vorab klären)

Gästetransport

- Fahrer, Shuttleservice
- Busse, Limousinen oder Ähnliches
- Parkplatzmiete, Parkgebühren
- Beschilderung, Beleuchtung etc.

Künstler, Referenten, Moderatoren

- Honorare
- Nebenkosten, Extras, Spesen
- Reisekosten, Übernachtung
- ggf. Betreuung, Security, Präsente

Dokumentation / Aufzeichnung

- Fotos, Film etc. (Rechte klären!)
- Mitschriften, ggf. Übersetzung

Versicherungen, Gebühren, Beiträge

- Versicherungen nach Risiken und Bedarf wie Veranstaltungshaftpflicht, Veranstaltungsausfallversicherung, Brand-, Diebstahlversicherung etc.
- Gebühren und Beiträge für GEMA, KSK etc.
- ggf. Lizenzen, Verwertungsrechte

Eventuell anfallende Nebenkosten

- Strom, Wasser, Müllentsorgung
- Kommunikationstechnik Orga-Team wie Headsets, Mobiltelefone, Walkie-Talkies
- Telefon, ISDN, WLAN
- Gastgeschenke, Give-aways, Pressegeschenke

3 Nach der Veranstaltung

Veranstaltungsnachbereitung

- Abbau, Rückbauten
- Schwund, Schäden, Bruch
- Rücktransport des Materials
- Endreinigung
- Müllentsorgung
- Erfolgsmessung
- Reminder, Gastgeschenke zur Erinnerung

Nun können Sie prüfen, ob Ihre Veranstaltung dem geplanten Budget entspricht, Sie im Budget „noch Luft" haben, den Rotstift ansetzen müssen oder ob Sie vielleicht auch Einnahmen erzielen können und wollen.

Einnahmen generieren

Hier einige Ideen für Sie, welche Einnahmen sich generieren lassen. Wägen Sie ab, was davon zu Ihrer Veranstaltungsart und Zielgruppe passt:

- Einnahmen durch Teilnahmegebühren: Veranstaltungsgebühren pauschal oder Tickets für Einzelbausteine, Eintrittsgebühr für Begleitpersonen, Kostenpflicht für Rahmenprogramm oder Begleitveranstaltungen

- Einnahmen aus Verkauf von Anzeigen, Katalogen, Veranstaltungsunterlagen / Publikationen, Büchern, Arbeitsmaterial, EDV-Programmen

- Einnahmen aus Vermietung von Werbeflächen, Ausstellungsflächen, Raum zum Auslegen von Unterlagen

- Weitere Einnahmequellen: Beilage in Tagungsmappe, Merchandising, Beteiligungen an der Veranstaltung

- Einnahmen aus Sponsoring: Sachsponsoring, Geldsponsoring, Dienstleistungssponsoring

Kooperationen (also zwei oder mehr Partner treten gemeinsam als Veranstalter auf) stellen zwar keine klassische „Einnahmequelle" dar, sind jedoch häufig eine gute Möglichkeit zur Kostenreduzierung. Zudem können Synergieeffekte durch

Image- oder Kompetenzergänzung der Partner die Wirkung einer Veranstaltung verstärken!

Ein immer größeres Problem bei der Planung ist die stetig steigende No-show-rate bei Veranstaltungen. Potenzielle Teilnehmer melden sich an und entscheiden dann spontan, worauf sie am jeweiligen Tag Lust haben, nach dem Motto: „Was nichts kostet, ist auch nichts wert". Schon eine geringe Teilnahmegebühr kann die Ernsthaftigkeit erhöhen und so die No-show-rate reduzieren.

Kosten überwachen

Bei Projekten mit längerer Vorlaufphase ist es besonders wichtig, Abweichungen vom Budget und deren Gründe festzuhalten – beispielsweise in Form einer Notiz „freigegeben durch X" oder „beauftragt von Y". Sonst lässt sich im Nachhinein nur noch mühsam feststellen, weshalb nun genau welche Änderung gegenüber dem Plan zustande kam. Fügen Sie daher in Ihre Budgetübersicht auch eine Bemerkungsspalte ein, in der Details zu einzelnen Positionen eingetragen werden können. Verfolgen Sie für ein erfolgreiches Controlling – also einer Steuerung der Kosten – außerdem Abweichungen von Ihrer Planung, beispielsweise durch Änderungen der Teilnehmerzahlen, Änderungen des Veranstaltungskonzeptes oder nachträgliche Sonderwünsche. Eine solche permanent gepflegte Übersicht ist ein wichtiges Arbeitsmittel für die Erfolgskontrolle der aktuellen Veranstaltung sowie für die Planung Ihrer künftigen Veranstaltungen.

Natürlich versuchen heute alle Veranstaltungsplaner, sämtliche Möglichkeiten auszuschöpfen, um ihre Veranstaltungsbudgets zu schonen. Allerdings sollte die Freude am Sparen nicht auf Kosten der Teilnehmerzufriedenheit gehen. Zu einem regelrechten Risikofaktor kann „Einsparungswut" beim Thema Sicherheit werden, sowie bei allem, was die Teilnehmer direkt erleben und konsumieren!

Rechtliche Pflichten – was müssen Sie beachten?

Als Veranstalter übernehmen Sie eine ganze Reihe rechtlicher Pflichten. Beachten Sie diese gesetzlichen Vorschriften nicht, kann dies nicht nur teuer werden, sondern im Extremfall sogar zum Ausfall Ihrer Veranstaltung führen.

Wann und wo müssen Sie eine Veranstaltung anmelden?

Für folgende Fälle gilt Anmeldepflicht:

- Veranstaltungen, die auf öffentlichen Flächen wie zum Beispiel Plätzen, Fußgängerzonen, Parks und Grünanlagen stattfinden sollen oder bei denen solche mit einbezogen werden.

- Bei zu erwartender Beeinträchtigung des Straßenverkehrs. Je nach Umfang werden Verkehrsmaßnahmen vom Veranstalter selbst oder durch das Straßenbauamt durchgeführt. Entstehende Kosten trägt der Veranstalter.

- Veranstaltungen in Gebäuden und Locations, bei denen vom genehmigten Einrichtungsplan (dieser liegt dem Betreiber der Versammlungsstätte vor) abgewichen wird. Dies ist besonders für die Einhaltung der erforderlichen Fluchtwege wichtig. Abweichungen muss die Bauaufsicht abnehmen.

- Veranstaltungen, bei denen Speisen und / oder Getränke gegen Entgelt abgegeben werden. Hier muss gegebenenfalls auch an eine Änderung der gesetzlich vorgeschriebenen Sperrzeiten gedacht werden.

- Musikalische Darbietungen (live oder von Tonträgern) und Veranstaltungen mit Beschallungsanlagen im Freien (beispielsweise für Durchsagen, Ansprachen etc.).

- Veranstaltungen, die brandschutzrechtlich gefährlich sind, beispielsweise durch offenes Feuer, Gas und Pyrotechnik. Für diese Veranstaltungsbestandteile erstellt die Branddirektion eine brandschutztechnische Beurteilung und gibt außerdem Auskunft über die Anzahl der benötigten Sanitäter am Veranstaltungsort.

- Bei Feuerwerken sind die maximal zulässigen Endzeiten zu beachten: Im Mai, Juni, Juli, August bis 24 Uhr, im Übrigen Jahr bis 23 Uhr (Ausnahme: Silvester).

- Messen, Ausstellungen, Tombolas, Wochenmärkte, Jahrmärkte, Volksfeste und Großmärkte.

- Veranstaltungen, bei denen sog. „Fliegende Bauten", also Bühnen, Tribünen, Zelte, Messestände aufgestellt werden. Die „Fliegenden Bauten" müssen von der Bauaufsicht abgenommen werden.

Wir alle kennen Beispiele für Katastrophen, die eintreten konnten, weil Sicherheitsbestimmungen oder Vorschriften nicht eingehalten wurden. Und vom moralischen Aspekt einmal abgesehen: Bei Nichteinhaltung von Vorschriften und Bestimmungen haften Verursacher und / oder Veranstalter. Beachten Sie daher unbedingt die gesetzlichen Vorschriften, die in der Versammlungsstättenverordnung Ihres jeweiligen Bundeslandes geregelt sind (www.versammlungsstaettenverordnung.de/vstaettv_neu/index.html). Hier finden Sie beispielsweise Vorgaben zu Rettungswegen und Notausgängen, Verwendung von offenem Licht und Feuer, Gewährleistung von Sicherheit bei Dekoration, Sperrzeiten und Lärmschutzverordnung. Die Vorschriften der Versammlungsstättenverordnung mögen manchem Veranstalter lästig erscheinen, dienen aber vor allem dem Schutz der Teilnehmer.

Die erste Anlaufstelle zur Klärung von Detailfragen zu Ihrer speziellen Veranstaltung sowie zur Anmeldung ist das zuständige Ordnungsamt. Dort erhalten Sie einen „Formularsatz für Veranstaltungen", über den Sie die Anmeldung schnell und einfach vornehmen können. Die Mitarbeiter der Ordnungsämter sind in der Regel Experten, die Ihnen Auskunft über Anmelde-, Informations- und Abnahmebestimmungen für Ihre jeweilige Veranstaltung geben können. Das Ordnungsamt oder weitere von Ihrer Veranstaltung betroffene Stellen (z.B. Straßenbauamt, Branddirektion, Bauaufsicht) informieren Sie auch über anfallende Kosten für deren Leistungen (wie Straßensperren, Umleitungen etc.).

Abgaben: GEMA und KSK

Vergessen Sie nicht, Veranstaltungen mit musikalischen Darbietungen bei der Gesellschaft für musikalische Aufführungsund mechanische Vervielfältigungsrechte, kurz GEMA (www.gema.de), anzumelden und die Gebühren zu entrichten. Deren Höhe richtet sich u.a. nach Eintrittspreisen, Teilnehmerzahl und Quadratmeterzahl der beschallten Fläche und ist über die Internetseite der GEMA einfach zu ermitteln.

Arbeiten Sie mit Live-Bands, Künstlern und Publizisten, fallen auch Beiträge für die Künstlersozialkasse an. Mit der Künstlersozialkasse sind selbstständige Künstler und Publizisten in den Schutz der gesetzlichen Sozialversicherung eingebunden. Die Künstler selbst müssen nur die Hälfte ihrer Beiträge an die KSK entrichten, die andere Beitragshälfte wird durch die Unternehmen finanziert, die die künstlerische oder publizistische Leistung verwerten (www.kuenstlersozialkasse.de).

Auf einen Blick: Ihre Veranstaltung konzipieren

- Das ist die Grundlage Ihrer Konzeption: Wenn Sie im Vorfeld die richtigen Informationen sammeln, erhalten Sie einen guten Überblick über den Zeitaufwand und vermeiden allzu umfangreiche Änderungen in der Organisationsphase.

- Nehmen Sie sich die Zeit, klare Ziele zu definieren. Das kommt Ihrem Veranstaltungskonzept zugute und ermöglicht Ihnen eine Erfolgsmessung der Veranstaltung.

- Wie groß ist Ihre Zielgruppe und was zeichnet sie aus? Die Antworten auf diese Fragen bilden die wichtigste Basis dafür, dass Sie die Erwartungen und Wünsche Ihrer Teilnehmer erfüllen können – der Maßstab für Ihren Erfolg!

- Damit Sie Ihr Budget professionell planen können und keine Kosten vergessen, erstellen Sie im Rahmen der Konzeption eine detaillierte Auflistung aller Kostenfaktoren Ihrer Veranstaltung.

- Berücksichtigen Sie bereits im Vorfeld alle rechtlichen Vorgaben – so schützen Sie Ihre Teilnehmer und sich selbst vor bösen Überraschungen.

Ihre Veranstaltung planen

Sie wissen nun, was Ihre Veranstaltung beinhalten soll, an wen sie sich richtet und was sie kosten darf. Jetzt ist es an Ihnen, Ihre Träume umzusetzen, Fakten zu schaffen und Verträge zu schließen.

In diesem Kapitel erfahren Sie,

- was Sie bei der Terminsuche bedenken müssen (ab S. 69),
- wie Sie den optimalen Veranstaltungsort finden (ab S. 71),
- wie Sie beim Catering punkten können und gängige Fehler vermeiden (ab S. 77),
- wie Sie ein passendes Rahmen- und Begleitprogramm zusammenstellen (ab S. 79),
- welche Werbemaßnahmen nötig und sinnvoll sind und was dabei wichtig ist (ab S. 81).

Überblick behalten: Ihre To-dos

Damit die Planung überschaubar wird, teilen Sie alle nötigen Tätigkeiten in Arbeitspakete auf. Legen Sie diese so fest, dass sie abgeschlossene Einheiten bilden. So können Sie den Zeitaufwand besser abschätzen und das erforderliche Personal disponieren. Definieren Sie Meilensteine für die einzelnen Pakete und setzen Sie verbindliche Erledigungstermine. Achten Sie darauf, welche Arbeitsschritte in Beziehung zueinander stehen oder auf Ergebnissen anderer Arbeitsschritte aufbauen. Die Projekt- und Terminverfolgung obliegt dem Projektleiter, also Ihnen!

Ihre To-dos in der Planungsphase
1. Ausgangslage (ggf. mit Vorgesetztem durchsprechen)

- Warum soll es diese Veranstaltung geben? (Formulieren Sie die Antwort in Ihren eigenen Worten.)

- Um welche Art von Veranstaltung soll es sich handeln?

- Organisation intern: Wer ist verantwortlich? Wer berichtet an wen? Wer entscheidet?

- Ressourcen intern: Welche Person im Orga-Team erledigt was? Kapazität und Know-how vorhanden?

- Wird externer Support benötigt? (z. B. für Kapazität / Know-how / Kreativität / Kontakte)

- Budget: Euro gesamt (Vergleichswerte?), Einnahmen, z. B. durch Partnerschaften oder Sponsoring möglich?

2. Veranstaltungsziele

- Ziele: Was wollen, was müssen wir erreichen?

- Qualitative Ziele (z.B. Steigerung des Bekanntheitsgrades, Änderung der Einstellung zu Produkt oder Marke)

- Quantitative Ziele (z.B. Besucherzahl, Ticketverkauf, Umsatz, Neukundengewinnung ...)

- Image-Ziele (Umweltschutz, Nachhaltigkeit ... werden diese auf der Veranstaltung „gelebt"?)

3. Zielgruppe(n) (Wer kann, wer soll, wer muss)

- Hauptzielgruppe: Wen wollen, wen müssen Sie erreichen?

- Nebenzielgruppe(n): Wer kann noch an der Veranstaltung teilnehmen?

- Wer soll noch von der Veranstaltung erfahren? (z.B. über Medien, Werbemaßnahmen, Testimonials)

- Besucherziele / Teilnehmernutzen: Was hat der Teilnehmer vom Besuch Ihrer Veranstaltung?

4. Veranstaltungsstrategie

- Thema, Anlass (Nutzen und Erinnerungen schaffen)

- Motto (Story, Lust auf die Veranstaltung machen)

- Programm (Was wollen Sie bieten? Einzigartigkeit, „Wertigkeit", Leistungsversprechen, Plan B ...)

- Vorphase – Veranstaltung – Nachphase (Aktionsplan)

- Grundsätze (Was wollen wir? Was nicht? Negativerfahrungen berücksichtigen)

5. Organisations- und Umsetzungsstrategie
(Was ist zu tun, worauf zu achten?)

- Organisation (Aufgabenplanung, Zuständigkeit, Überwachung, Steuerung, ...)

- Budget (Kostenplanung, Puffer, Angebote einholen, Controlling, ...)

- Terminplanung (Wann – tagsüber, abends, Wochenende; wie lange – Dauer, festes Ende oder open end)

- Auf Terminüberschneidungen achten (von Ferien bis Wettbewerbsveranstaltungen)

- Ablaufplanung im Detail–Kompetenzen, Verantwortung, Zuständigkeiten, ...

- Wann: Zeit

- Wo: Ort

- Was: Inhalt

- Womit: benötigte Hilfsmittel

- Wer ist zuständig / verantwortlich?

- Wer macht was: Umsetzung

- Wann Beginn / Ende: Terminplanung, Ablaufplanung

- Wie viel darf was kosten?

- Teilnehmerplanung (ggf. A-Liste, B-Liste, gibt es eine Mindestteilnehmerzahl? Maximale Teilnehmerzahl?)

- Teilnehmerhandling (Einladung, Teilnehmerliste, Buchungen, Hotline, ...)

- Veranstaltungsort / Location (exklusiv, ungewöhnlich, einfach ...)
- Referent / Speaker / Moderator? (Kosten, Nutzen, Qualität, Plan B)
- Künstler, Band, Unterhaltung (Kosten, Qualität, Plan B)
- Teilnehmer- und Crew-Bewirtung (Speisen, Getränke)
- Unterbringung (Hotel, Übernachtung, Tagungsort)
- Verträge (AGB, Stornofristen, ...)
- Logistik (Aufbau, Abbau, Exponate)
- Teilnehmer-Logistik (Anreise, Gästetransport)
- Personalplanung (Personalbedarf intern und / oder extern)
- Teilnehmer-Betreuung (Begrüßung, Tagungssekretariat, VIP-Betreuung, ...)
- Personalleitung und Steuerung (Auswahl, Casting, Briefing, Steuerung)
- Werbemittel (Gastgeschenk, Give-aways)
- Genehmigungen (GEMA, KSK, Anmeldung, fliegende Bauten wie Bühnen, Zelte etc.)
- Sicherheit (Vorsorge, Notfallplanung, Versicherungen)
- Plan B (Ersatzplanung für Risikofaktoren – aus allen relevanten Blickwinkeln)
- Wettbewerbsbeobachtungen

6. Medienstrategie

- Werbung für die Veranstaltung (Wie und wann machen wir die Veranstaltung bekannt?)

- Wie, wo und wann (vor, während, nach) soll von der Veranstaltung berichtet werden? (TV, Fachzeitschriften, Newsletter, Homepage, Intranet ...)

- Wird die Veranstaltung aufgezeichnet? Wenn ja, wie?

- Welches Budget steht Ihnen für die Medienstrategie zur Verfügung?

- Welche bestehenden Kontakte können genutzt werden? (Welche aufgebaut werden?)

7. Partner

- Veranstaltungsagentur (Auswahlverfahren / Pitch, bestehende Partnerschaften?)

- Berater / Consultant (Budget, Konzept, Planung ...)

- Sponsoringpartner (Geld-, Sach-, Dienstleistungen?)

- Veranstaltungspartner (wofür? Mehrwert?)

8. Erfolgsmessung

- Maßnahme wählen, z.B. Feedbackbögen, Befragung etc.

- Zeitpunkt–während oder nach der Veranstaltung?

- Maßnahme durchführen–in Eigenregie oder mit externer Unterstützung?

- Auswertung (Info an wen? Welche Konsequenzen leiten sich daraus ab?)

9. Veranstaltungsnachbereitung

- Feedback (persönlich, Dankschreiben)
- Endabrechnung
- Kontrolle der Zielerreichung
- Auswertung (Was lief gut, was schlecht? Was ist bei Folgeveranstaltungen zu berücksichtigen?)
- Abschlussbericht und Archivierung (aller relevanten Unterlagen, Verträge, schriftlicher Kommunikation, Fotos, ...)

Den richtigen Termin finden

Den passenden Termin für eine Veranstaltung zu finden, stellt häufig bereits die erste große Hürde in der Planung dar. Es gilt nicht nur alle Teilnehmer, die bei der Veranstaltung anwesend sein müssen, unter einen Hut zu bringen. Darüber hinaus gibt es noch eine Reihe übergreifender Termine, die bedacht werden sollten. Hier die wichtigsten im Überblick.

Teilnehmer Ihrer Veranstaltung

Planen Sie eine Veranstaltung, an der Prominente, VIPs, Ihre komplette Geschäftsleitung oder bestimmte Referenten und Moderatoren teilnehmen sollen? Dann bleiben meist nur wenige freie Termine übrig. Der terminlichen Verfügbarkeit der Pflichtteilnehmer müssen sich die anderen Teilnehmer, von deren Erscheinen die Veranstaltung nicht zwingend abhängt, beugen. Berücksichtigen Sie bei Firmenveranstaltungen auch innerbetriebliche Termine wie Jahresabschluss oder Inventur – ganze Abteilungen oder Betriebsbereiche sind während solcher Phasen nicht verfügbar.

Ferientermine, Feiertage, Brückentage

Achten Sie bei Ferienterminen, Feiertagen und Brückentagen auf die Verfügbarkeit Ihrer Zielgruppe – eine Übersicht über Ferientermine (für sieben Jahre im Voraus) und die gesetzlichen Feiertage je Bundesland finden Sie unter www.kmk.org/ferienkalender.html. Zur Herausforderung kann die Terminplanung werden, wenn Sie Gäste aus dem Ausland erwarten, da zusätzlich internationale Feiertage für Ihre Planung relevant werden können. Unter www.weltzeituhr.com finden Sie Informationen über internationale und religiöse Feiertage.

Messezeiten

Veranstaltungen parallel zu Messen durchzuführen, ist generell teurer und arbeitsintensiver in der Planung, da Hotels, Locations, Caterer etc. bereits stark ausgelastet sind. Falls Ihre Veranstaltung begleitend zu einer Messe stattfinden muss, ist eine frühzeitige Planung daher Geld wert. Messetermine (auch international) finden Sie unter www.auma.de.

Sportveranstaltungen

Olympia, WM, EM, Formel 1 und Bundesliga ... – es ist schwierig, alle Sportveranstaltungen zu umgehen. Falls Sie es jedoch mit einer sportbegeisterten Zielgruppe zu tun haben, müssen Sie das auch gar nicht. Planen Sie diese Ereignisse als besonderes Highlight in Ihre Veranstaltung mit ein. Berücksichtigen Sie dabei aber Anmeldepflichten, Lizenzgebühren etc.

Großveranstaltungen in der Veranstaltungsstadt

Ob Festspiele oder Christopher Street Day – prüfen Sie möglichst noch bevor Sie sich für eine bestimmte Stadt entscheiden, welche Großveranstaltungen am Ort bereits geplant sind und ob diese eine Bereicherung für Ihre Veranstaltung darstellen oder sich störend auswirken könnten. Informationen über Großveranstaltungen in Städten und Regionen erhalten Sie über die Internetseiten der jeweiligen Stadt und das Ordnungsamt.

Die passende Location auswählen

Hinter dem Sammelbegriff „Veranstaltungslocation" können sich ganz unterschiedliche Veranstaltungsstätten verbergen: vom klassischen Tagungshotel, der Messe-/Kongresshalle, den firmeneigenen Räumlichkeiten bis hin zu artfremden Gebäuden wie Museum oder Burgruine (sog. Special Locations, siehe S. 75). Bedenken Sie bei Ihrer Planung, dass die Location einen wichtigen Baustein Ihrer Veranstaltung darstellt. Sie soll einen Rahmen bieten, in dem sich Ihre Teilnehmer wohlfühlen, Ihr Motto transportieren und dabei helfen, Ihre Veranstaltungsziele zu erreichen. Neben Eindruck und Ambiente stehen praktische, logistische und finanzielle Gesichtspunkte ganz oben auf der Anforderungsliste für eine geeignete Veranstaltungsstätte.

Verlassen Sie sich keinesfalls auf Informationen aus Hochglanzprospekten oder dem Internet. Wählen Sie für Ihre Veranstaltung in Frage kommende Locations nach Ihren jeweiligen Kriterien wie Budget, Größe, Lage etc. aus und besichtigen Sie diese! Erst danach werden Sie eine sichere Entscheidung treffen können.

Veranstaltungen in Tagungshotels

Einer der Gründe, weshalb sich (Tagungs-)Hotels für Veranstaltungen so großer Beliebtheit erfreuen, ist sicherlich, dass sie Raum für eine Vielzahl unterschiedlicher Veranstaltungsarten bieten und die Teilnehmer auch im Hause untergebracht sind. Damit vereinfacht sich der logistische Aufwand, Wegezeiten und Kosten für den Gästetransport entfallen. Dieser „Sorgenfrei-Effekt" kann aber auch gründlich fehlschlagen. Beispielsweise, wenn das Haus den Teilnehmern keine Aktivitäten ermöglicht, jede Mahlzeit im selben Restaurant eingenommen werden muss oder die Ausstattung eher durch Einfallslosigkeit besticht etc. Hier einige Internetadressen, die Ihnen helfen können, das passende Tagungshotel zu finden:

Hotels und Veranstaltungshäuser	
Anbieter	**Website** **Leistungen/Schwerpunkt**
European Hotel Reservation	www.european-hotelreservation.de Übernimmt Hotelrecherche (kostenlos), über 100.000 Hotels weltweit. Persönliche Ansprechpartner und Antwort innerhalb 12–24 Stunden.
Hotel-Reservation-Service	www.hrs.de Kostenloses System mit über 225.000 Hotels weltweit. Kostenlose Buchungen, Änderungen und Stornierungen. Tagesaktuelle Sonderpreise.
Hotel-buchungs-portal	www.hotel.de System mit mehr als 210.000 Hotels weltweit, gute Sortierungsmöglichkeiten, z.B. Sonderpreise, Messehotels, Kongresshotels. Spezielle Firmenraten, tagesaktuelle Sonderpreise.
Tagungs-hotels	www.tagungshotels.de Hotel- und Locationsuche / Buchungsservice.
Tagungs-planer	www.tagungsplaner.de Hotel-, Location- und Dienstleistersuche.
Portal für Tagungs-hotels	www.toptagungshotels.de Plattform der 250 besten Tagungshotels in Deutschland.
Portal für Hotelbu-chungen zu Messezeiten	www.tradefairs.com Individueller Einkauf von Zimmerkontingenten zu Messeterminen.

Tagungshotels sind in Angebot und Ausrichtung völlig unterschiedlich. Stellen Sie sich darauf ein, dass Sie nicht *das* perfekte Hotel für alle Veranstaltungen finden, sondern nur ein Tagungshotel, das optimal zu Ihrer jeweiligen Zielgruppe, Ihrer Veranstaltungsart und Ihrem Budget passt.

Checkliste: Kriterien für das passende Tagungshotel
■ Lage und Ausstattung des Hauses (Freizeitaktivitäten, Gestaltung Abendprogramm)
■ Anreisemöglichkeiten und -dauer (muss in vernünftiger Relation zur Veranstaltungsdauer stehen)
■ Technische Ausstattung: Was wird benötigt/gewünscht? Was ist inkludiert, wofür entstehen Extrakosten?
■ Hotelraten-Sonderkonditionen möglich? Was ist inbegriffen, was verhandelbar?
■ Umgang mit Stornierungen und No-shows

Binden Sie die Vorzüge Ihres Tagungshotels und der Umgebung in Ihre Planung ein. Lädt beispielsweise ein besonders schöner Garten dazu ein, den Lunch nach draußen zu verlegen? Oder können bei schönem Wetter auch ganze Veranstaltungsteile wie Gruppenarbeiten, Workshops oder Diskussionen spontan im Freien stattfinden? Erkundigen Sie sich aktiv beim Ansprechpartner des Tagungshotels nach Ideen und individuellen Gegebenheiten des Hauses und der näheren Umgebung – die Hotelmitarbeiter kennen die Vorzüge und Nachteile ihres Hauses!

Der Trend geht weg von der Frontalveranstaltung hin zur Einbindung und Aktivierung der Teilnehmer – diese wollen sich stärker einbringen, kommunizieren, Erfahrungen austauschen! Pausen und Mahlzeiten können hierfür, wenn richtig geplant, einen perfekten Rahmen bieten.

Special Locations

Ob Flugzeughangar, Museum, Burgruine oder grüne Wiese, ob Kirche oder Gefängnis – Events machen vor kaum einer Veranstaltungsstätte halt. Und zu Recht: Ungewöhnliche Locations machen neugierig und steigern damit die Lust auf Ihre Veranstaltung. Sie helfen, sich von Ihrem Wettbewerb abzuheben – im Gegensatz zum Tagungshotel, in dem womöglich ein Wettbewerber im Nebenraum tagt. Sie bieten einen individuellen Rahmen, der Ihr Veranstaltungsthema unterstreichen kann. Außerdem kann eine spannende Eventlocation die Verweildauer Ihrer Teilnehmer erhöhen.

Spielen Sie mit Location und Veranstaltungsthema! Eine Fortbildung zum Thema Geldwäsche oder ein Managementtraining zu „Krisenmanagement" könnte statt im Tagungshotel auch in einem Kloster oder in einem (für Veranstaltungen zugelassenen) Gefängnis stattfinden. Die Teilnehmer wären mit Sicherheit aufmerksamer und aktiver dabei! Die folgenden Websites können Sie bei Ihrer Suche nach spannenden Locations unterstützen:

Anbieter	Website Leistungen/Schwerpunkt
Locations für Veranstaltungen und Events	
Eventforum	www.eventforum.de Recherchetool für alle Bereiche von Partnern und Dienstleistern im Eventbereich.
Eventlocations	www.eventlocations.de Recherchetool für Event- und Veranstaltungslocations in Deutschland.
interLOCATION	www.inter-location.de Locationvermittlung und Recherche im In-und im Ausland.
MICE AG – meeting – incentive – congress – event	www.mice.ag Recherchetool für Locations, Outdoor-Programme, Caterer etc.
Tagungsplaner	www.tagungsplaner.de Hotel-, Location- und Dienstleistersuche im In- und Ausland.
VA-Planer	www.va-planer.de Große Auswahl an Tagungshotels, Locations, Rahmenprogrammen und Dienstleistern.

Bedenken Sie jedoch: Events in Special Locations sind die Königsdisziplin und nichts für Event-Einsteiger. Die Vorbereitung und Organisation ist wesentlich aufwendiger. Wenn Sie beispielsweise bei Ihrer Firmenfeier auf der grünen Wiese vergessen, Strom, Wasser oder Toiletten zu organisieren, wird sich das am Veranstaltungstag kaum noch beheben lassen. Dieser besonders große Aufwand an Planung, Organisation und Logistik führt auch dazu, dass Veranstaltungen in Special Locations meist teure Vergnügen sind.

Catering – die wichtigste Nebensache

Ob Sie ein Themen-Catering passend zu Ihrem Veranstaltungsmotto, einer bestimmten Region oder ein auf Ihre Unternehmensfarben abgestimmtes Angebot an Speisen und Getränke anbieten – nutzen Sie das Catering, um die Sinne Ihrer Teilnehmer anzusprechen. Sie verleihen Ihrer Veranstaltung damit ein unverwechselbares Gesicht! Professionelle Cateringpartner werden Sie mit kreativen Ideen unterstützen.

Checkliste: Planung der Bewirtung (Caterer-Briefing)

- Abwechslungsreiches Angebot–nicht in allen Erfrischungspausen Ähnliches anbieten
- Speisen und Getränke auf die Zielgruppe abstimmen (z.B. kindgerechte Verpflegung, Seniorenteller, vegetarisches Essen, religiöse Anforderungen, Essen für Allergiker etc.)
- Speisen und Getränke passend zur Veranstaltung planen
- Frische und ausgezeichnete Qualität beachten
- Ausgewogene Zusammenstellung der Mahlzeiten – nicht zu lang, nicht zu schwer

- Bei Buffets: Menge und Auswahl der Speisen so disponieren, dass auch der letzte Gast am Buffet noch eine attraktive Auswahl vorfindet

- Keine Zeit verschwenden–Buffetschlangen unbedingt vermeiden

- Bei externen Restaurants: persönlicher Vorab-Check z. B. der Tischreservierung und der Menükarten

- Sonderwünsche Referenten, Künstler etc. berücksichtigen

- Crewcatering, Bewirtung Fahrer, Sicherheitspersonal etc. geplant? Zeiten beachten.

- Vor allem bei „Special Locations": Anforderungen an Transport, Handling, Abfallentsorgung etc. beachten

- Informationsfluss zwischen Veranstalter und Caterer sichern z. B. bei Verspätungen, Änderungen im Ablauf

Berücksichtigen Sie auch, was Ihre Teilnehmer bereits hinter sich haben, bis sie Ihre Gäste werden. Bieten Sie bei längeren Anreisen und wenn es die Tageszeit erfordert, ausreichend Willkommenserfrischungen an. Mit leerem Magen werden Ihre Teilnehmer auch dem spannendsten Referenten nicht folgen können.

> Wenn Sie Obstkörbe bestellen, geben Sie auch die Art der Füllung vor, beispielsweise „Stückobst der Saison, gewaschen und aus der Hand verzehrbar, wie Äpfel, Birnen, Bananen, Pfirsiche, Erdbeeren, Pflaumen etc." Damit verhindern Sie, dass der Obstkorb mit der obligatorischen Dekorations-Ananas bereits zur Hälfte gefüllt ist.

Ein kreatives Rahmenprogramm gestalten

Rahmen- oder Freizeitprogramme können Ihre Veranstaltung aufwerten und den aktiven Austausch zwischen den Teilnehmern fördern. Bei sportlichen Aktivprogrammen bitte beachten: Die Teilnahme muss absolut freiwillig sein, niemand sollte sich durch Gruppenzwang genötigt fühlen mitzumachen. Ein Mensch mit Höhenangst etwa würde Ihnen einen Ausflug in den Hochseilgarten nie vergessen, auch wenn er durch Sicherheitsmaßnahmen und Betreuung keinerlei Risiken ausgesetzt sein mag. Bieten Sie möglichst mehrere attraktive Rahmenprogramme zur Auswahl an, die der Persönlichkeitsvielfalt Ihrer Teilnehmer gerecht werden: neben einem Sportprogramm beispielsweise ein Kultur- und ein Genussprogramm.

Versuchen Sie außerdem, Ihren Teilnehmern etwas wirklich Maßgeschneidertes zu bieten – nicht den x-sten Ausflug auf die Kart-Bahn. Holen Sie sich für Outdoor-Programme möglichst Profis oder lassen Sie sich bei kleinem Budget selbst abwechslungsreiche und unterhaltsame Aktivitäten einfallen, die niemanden ausgrenzen oder blamieren. Beispielsweise eine Firmen-Olympiade, bei der sich Ihre Teilnehmer aus verschiedenen Aktivitäten wie Kegeln, Tischtennis, Federball, Minigolf, Billard, Sackhüpfen, Dart etc. eine bestimmte Anzahl an Disziplinen aussuchen können.

Hier einige Tipps und Ideen für kleine und große Rahmenprogramme für üppige und magere Budgets. Beachten Sie bei der Auswahl neben Dauer und Kosten auch mögliche logistische Faktoren wie Transfer, Kleiderwechsel etc.:

- Stadtbesichtigung: Historische Bauten, besondere Orte wie Börse, Kasino, attraktive Plätze, berühmte Persönlichkeiten

- Ausflugsziele Umland: Historisches, Einzigartiges, regionale Besonderheiten wie Berge, Meer, Hafen ...

- Kultur (Kulturkalender prüfen): Oper, Theater, Konzerte, Museen, Ausstellungen, Musical

- Branchenhighlights: Werksbesichtigung, Messen Ausstellungen

- Shopping: Besondere Marken der Region, Werksverkauf, Einkaufsstraßen

- Sportliches: Golfplatz (ggf. auch Schnupperkurs), Hochseilgarten, regional Einzigartiges?

- Kulinarisches: Regionale Spezialitäten, Besichtigung von Betrieben (z. B. Schokoladenfabrik), Kochkurs beim Sterne-Koch, Sushi-Kurs

Besucher empfinden Begleit- oder Rahmenprogramme als höherwertig, wenn sich das Erlebnis in dieser Form nicht kaufen lässt. Prüfen Sie daher, inwieweit es bei Ihrem Programm möglich ist, etwas ganz besonderes zu bieten–beispielsweise in Form eines „Blicks hinter die Kulissen" im Theater.

Machen Sie sich Gedanken über einen schönen Rahmen für den Ausklang des Tages. Klären Sie am Veranstaltungsort die Öffnungszeiten von Einrichtungen, die Sie eventuell in Ihre

Veranstaltung integrieren möchten, wie beispielsweise die Hotelbar. Es wäre doch schade, wenn ein stimmungsvoller Abend ein abruptes vorzeitiges Ende fände.

Für die Veranstaltung werben

Professionell gestaltete Veranstaltungen bestehen aus drei Phasen: der Vorphase, der Veranstaltung selbst und der Nachphase. Um eine nachhaltige Wirkung zu erzielen, sollten alle drei Phasen originell und passend zur Zielgruppe und Ihrer Veranstaltung gestaltet sein. In der Praxis wird die Vorphase häufig recht lieblos abgehandelt und die Nachphase gänzlich vergessen. Das ist schade, denn Sie verschenken damit wertvolles Potential.

Die Vorphase

In der Vorphase erhalten die potenziellen Teilnehmer meist eine schriftliche Einladung. Mancher Veranstalter macht es sich besonders einfach, indem er Text und Gestaltung aus früheren Einladungen übernimmt und lediglich Datum und Ort austauscht. Eine gute Idee? Eher nicht. Bedenken Sie bei der Gestaltung Ihrer Veranstaltungseinladung: Wenn die Empfänger die Einladung als langweilig empfinden oder der Eindruck „kenne ich schon" entsteht, werden sie Ihre Veranstaltung kaum besuchen – Sie haben damit Ihre Chance vertan!

Wählen Sie aus der ganzen Palette der Werbung die Instrumente und Medien aus, die zu Ihrer Veranstaltung, Ihrer Zielgruppe und Ihrem Budget passen – von klassisch bis modern, von der persönlichen Ansprache bis zum Einsatz moderner Technik. Für eine persönliche Einladung stehen Ihnen beispielsweise Einladungsschreiben oder -karten, das Telefon oder die persönliche Ansprache als klassische Instrumente zur Verfügung. Zur modernen persönlichen Ansprache Tools wie E-Mail, Online-Marketing oder Social Networks. Für öffentliche Veranstaltungen sind im klassischen Bereich Plakate, Flyer oder Radiowerbung etabliert, modern wären beispielsweise virales Marketing oder Blogs.

Entscheidend für die Gestaltung und die Ausführung Ihrer Einladung: Sie soll Ihnen und Ihrer Veranstaltung entsprechen, sie muss zur Zielgruppe passen und sie soll den potenziellen Teilnehmern Lust auf den Besuch der Veranstaltung machen.

Beispiel: Eins zu null für Ihr Event

 Sabine A. erhält von Ihrem Chef die Aufgabe, wichtige Kunden und Vertriebspartner zu einer Fußball-Übertragung während der WM einzuladen. Sie entwickelt folgenden Plan: Die Einladung wird auf eine Karte mit Gras-Optik gedruckt und auf einem Stückchen Rollrasen per Boten den Gästen überbracht. Wer sich angemeldet hat, erhält mit der Anmeldebestätigung ein MiniRasen-Pflanz-Set: „Damit Ihnen die Zeit bis zum Spiel nicht so lang wird". Auf das Pflanz-Set will Sabine eine Markierung drucken lassen: „Wenn das Gras so hoch ist, sehen wir uns zum Anstoß!" Um die No-show-rate zu reduzieren, soll kurz vor der Veranstaltung als Reminder ein Mini-Rasen-Dünger-Set versandt werden mit dem Warnhinweis „Das Gras wächst nicht schneller, wenn man daran zieht" (afrik. Sprichwort). Sollte Sabines Chef das zu viel Gras sein, will sie ihm vorschlagen mit der Anmeldebestätigung einen Schreibtisch-Mini-Tischkicker zu versenden und als Reminder kurz vor der Veranstaltung dazu passende Ersatz-Fußbälle – überschrieben mit: „Nur nicht nachlassen! Hier Nachschub, falls Sie Ihre Bälle bereits verschossen haben."

Beziehen Sie in Ihre Überlegungen auf jeden Fall auch den Namen oder Titel Ihrer Veranstaltung mit ein! Der Veranstaltungstitel hat einen großen Einfluss auf die Erwartungshaltung Ihrer Teilnehmer. Von welchem Titel würden Sie sich stärker angesprochen fühlen: „23. Ball der deutschen Briefmarkensammler" oder „Eine Nacht in Venedig"? Das kann der Titel für ein und dieselbe Veranstaltung sein!

> Die Einladung ist die Visitenkarte Ihrer Veranstaltung! Je exklusiver, kreativer etc. Ihre Veranstaltung, desto hochwertiger und fantasievoller sollte auch die Einladung sein! Sie senden damit – bewusst oder unbewusst – eine Vielzahl von Signalen zu Charakter und Art Ihrer Veranstaltung.

Veranstaltungswerbung

Im Gegensatz zur üblichen Einladung müssen zahlreiche Veranstaltungen breit beworben werden – beispielsweise um die erforderliche Teilnehmerzahl zu erreichen (Kartenverkauf) und kostendeckend arbeiten zu können. Sollte dies bei Ihrer Veranstaltung der Fall sein, klären Sie die Werbeformen möglichst frühzeitig.

Checkliste: Veranstaltungswerbung

- Wie und wann soll geworben werden?
- Einmalig oder mehrstufig?
- Welche Medien nutzt Ihre Zielgruppe?
- In welchen Medien soll geworben werden, ab wann und wie?
- Nutzen Sie klassische Verbreitungsmethoden oder können Sie bei Ihrer Zielgruppe auch moderne Instrumente (Twitter, Blogs, Social Web etc.) einbauen?
- Was sind die „Highlights", die Sie bei Ihrer Werbung in den Mittelpunkt stellen wollen?
- Welche Erlebnisse versprechen Sie Ihrer Zielgruppe?

Fragen Sie bei einer Testzielgruppe wie Ihrem Planungsteam und weiteren Personen, die Ihrer Teilnehmergruppe entsprechen, ob diese sich von Ihrer Veranstaltungswerbung und Einladung angesprochen fühlen würden. Falls nicht, ändern Sie Ihr Werbekonzept! Wenn sich Ihre Testzielgruppe langweilt, werden Sie Ihre Zielgruppe kaum erreichen.

Einladung

Über die Einladung und über die Ankündigung Ihrer Veranstaltung findet eine – geplante oder ungewollte – Selektion der Teilnehmer statt, beispielsweise durch Fragen wie:

- Ist die Einladung persönlich oder übertragbar?
- Soll die Teilnahme alleine erfolgen oder mit Begleitperson(en)?
- Wird die Einladung persönlich ausgesprochen oder über öffentliche Medien verbreitet, z. B. Plakate, Radio etc.?
- Passen die Verbreitungswege zur Zielgruppe (bei Senioren oder Kindern machen E-Mails wenig Sinn, für Teens und Twens wirken Briefe antiquiert)?

Ungeladene oder ungewünschte Teilnehmer kann man über eine Einlasskontrolle am Mitfeiern hindern. Wenn sich aber die anvisierte Zielgruppe gar nicht erst angesprochen fühlt bzw. nicht erreicht wurde, kann dies nicht mehr korrigiert werden. Prüfen Sie deshalb unbedingt vorab die Adressdaten.

Je nach Zielgruppe, Art der Veranstaltung und Form der Einladung sollte diese etwa vier bis sechs Wochen vor dem Ereignis erfolgen. Wen die Einladung zu spät erreicht, ist terminlich vielleicht nicht mehr verfügbar.

Mit der Werbung können Sie wesentlich früher beginnen, vor allem wenn sich Ihre Veranstaltung über Kartenverkauf finanzieren soll. Da Prominente, VIPs und Führungskräfte etc. meist sehr langfristig verplant sind, sollten Sie diese über eine Vorankündigung, etwa in Form einer „Safe-the-date-Information" benachrichtigen, sobald Ihr Termin feststeht. Dies dient nur dazu, über den Termin zu informieren, den Teilnehmer zu bitten, sich diesen zu reservieren und darauf hinzuweisen, dass die „ordentliche" Einladung zum späteren Zeitpunkt erfolgt.

Checkliste: Was gehört in die Einladung?

- Wer lädt ein und wozu?
- Titel der Veranstaltung / Motto
- Inhalt (falls festgelegt Ablauf, Tagesordnung, Programm)
- Datum und Beginn (evtl. Veranstaltungsende)
- Ort (Stadt und Location mit Anschrift)
- Anfahrtsbeschreibung (Tipp: vorher testen!)–für Pkw (mit Parkmöglichkeiten) und öffentliche Verkehrsmittel
- Anmeldefrist (in der Regel spätestens 14 Tage vor der Veranstaltung)
- Ist die Einladung persönlich bestimmt oder ist sie übertragbar?
- Mitnahme von Begleitperson(en) und eventuell auch Kindern (Alter?) möglich / erwünscht?
- Rahmenprogramm (evtl. mit Bekleidungshinweis)
- Partnerprogramm (evtl. mehrere zur Auswahl)
- Vorbereitetes Antwortformular
- Sofern diese Informationen bereits bekannt sind: Namen der Referenten, des Moderators, der VIPs oder Nennung der Schirmherrschaft
- Bekleidungs- und Temperaturhinweise
- Geschenkhinweise wie zum Beispiel:

  „Wir bitten von Geschenken abzusehen–statt dessen freuen sich die Kinder des Kinderheims xy, für welches wir eine Patenschaft übernommen haben, über Ihre Zuwendung!"

- Hinweise zu Übernachtungsmöglichkeiten
- Besonders wichtig: Ansprechpartner mit Telefonnummer für alle organisatorischen und inhaltlichen Fragen

Die Rückantwort

Generell gilt: Die vorbereitete Antwort sollte möglichst einfach und anwenderfreundlich gestaltet sein – nicht zuletzt um Flüchtigkeitsfehlern vorzubeugen. Außerdem sollten alle Informationen abgefragt werden, die Sie für Ihre weitere Planung benötigen. Legen Sie fest, wie die Antwort erfolgen soll:

- als Postkarte – nutzen Sie eventuell die Variante „Gebühr bezahlt Empfänger",
- als Telefax – denken Sie daran die Fax-Nummer anzugeben,
- per E-Mail oder per Online-Registrierung – wenn dies zur Zielgruppe passt,
- per Anruf – in diesem Fall achten Sie auf den Vermerk: Antwort erbeten bis (Datum) an (Namen) unter (Telefonnummer).

Checkliste: Was gehört in die Rückantwort?

- Anmeldefrist
- Teilnahme (ja / nein)
- Name (evtl. auch Titel, Anrede)
- Position
- Firma oder Anschrift
- Telefonnummer (eventuell auch E-Mail-Adresse)
- Besondere Hinweise an die Organisation (wie Allergien, Unverträglichkeiten)
- eventuell auch:
- „Ich komme mit Fahrer"
- „Abholungswunsch (dann Zeit / Ort abfragen)"
- „Ich nutze den Shuttle-Service"
- Name der Begleitperson(en), eventuell auch Kinder (dann Alter abfragen)
- Teilnahme am Rahmen- / Begleitprogramm (ggf. bereits Auswahl)
- Falls der Teilnehmer verhindert sein sollte: „Ich werde vertreten durch X"

Die Nachphase

Gestalten Sie auch die Nachphase aktiv und sorgen Sie dafür, dass die Wirkung Ihrer Veranstaltung nicht zu schnell verpufft. Eine Erinnerung/ein Reminder kann diese Funktion erfüllen.

Im einfachsten Falle kann eine Nachphase-Aktion ein Schreiben sein (E-Mail etc.), in dem sich der Veranstalter für die Teilnahme bedankt. Deutlich persönlicher und ansprechender ist es, dem Gast ein Foto zu senden, das ihn während der Veranstaltung zeigt oder auf einer (geschützten) Homepage Bilder zum Download anzubieten. Auch ein originelles Geschenk erinnert an die Veranstaltung, hinterlässt einen positiven Eindruck und verstärkt die Freude auf Ihre nächste Einladung.

Die Nachphase wird damit zum Instrument, um Werbung für Ihre Folgeveranstaltungen zu machen! (Siehe auch das Kapitel „Werbung danach" auf S. 114.)

Auf einen Blick: Ihre Veranstaltung planen

- Um einen passenden Termin zu finden, müssen Sie die Verpflichtungen der Teilnehmer, Ferientermine, Messezeiten und Großveranstaltungen berücksichtigen.

- Die Veranstaltungslocation kann den Titel oder das Motto Ihrer Veranstaltung erlebbar machen. Ob es am Ende ein Tagungshotel oder eine Special Location ist–der Ort sollte in jedem Fall zum Thema und den Teilnehmern passen.

- Beim Catering ist Top-Qualität ein Muss. Nutzen Sie die Chance, über die Verköstigung die Sinne Ihrer Teilnehmer anzusprechen.

- Ihr Rahmenprogramm sollte die Interessen und Bedürfnisse Ihrer Teilnehmer treffen. Suchen Sie nach passenden Möglichkeiten am Veranstaltungsort.

- Werben Sie für Ihre Veranstaltung: Dazu gehört eine Einladung, deren Wertigkeit dem Ereignis entspricht. Nutzen Sie in der Nachphase Reminder, um die Erinnerung an Ihre Veranstaltung lebendig zu halten und als Werbung für Folgeveranstaltungen.

Ihre Veranstaltung vorbereiten und durchführen

Jetzt sind Ihre Kompetenzen als Projektleiter gefragt: Sie sind Ansprechpartner für alle Beteiligten, Führungspersönlichkeit, Repräsentant Ihres Unternehmens und Organisator bis in die Details.

In diesem Kapitel erfahren Sie,

- wofür Sie Veranstaltungspersonal benötigen und wie Sie es richtig schulen und briefen (ab S. 92),
- welche Aufgaben Sie als Projektleiter vor Ort zu erledigen haben und welche Fähigkeiten Sie dazu brauchen (ab S. 97),
- wie und wozu Sie die Veranstaltung dokumentieren können (ab S. 103),
- wie Sie sich gegen Schäden absichern (ab S. 105).

Personal disponieren und professionell führen

Der Kontakt zu den Gästen und Teilnehmern, Vertrauen und Sympathie wird nicht über die Location oder das Catering erreicht, sondern über engagiertes, sympathisches und gut geschultes Veranstaltungspersonal! Überlegen Sie sich, wie Sie Ihr Personal als kompetente Ansprechpartner erkennbar machen möchten. Je nach Veranstaltungsart und -stil eignen sich hierfür einheitliche Kleidung und Accessoires wie Halstücher, Kopfbedeckungen etc.

Wofür benötigen Sie Unterstützung?

Stellen Sie sich rechtzeitig darauf ein, dass Sie die Unterstützung interner oder externer Kräfte benötigen könnten – etwa, weil bestimmte Fachkenntnisse nicht vorhanden sind, oder Sie ohne personelle Unterstützung keinen störungs- und staufreien Ablauf für Ihre Teilnehmer gewährleisten könnten.

Veranstaltungspersonal kann beispielsweise für Aufgaben wie Einlasskontrolle, Information und Empfang, für die Garderobe, die Referenten- oder VIP-Betreuung (in welcher Sprache?) nötig sein. Prüfen Sie, ob Sie auch Dolmetscher sowie Techniker für Installation, Beleuchtung, Ton und Präsentation brauchen. Auch zur Veranstaltungsdokumentation kann Personal erforderlich sein, etwa ein Fotograf oder ein Filmteam. Darüber hinaus können Aufgaben wie Tagungssekretariat, Gästetransport, Fahrservice, Parkplatzanweisung, Service, Vor-, Zwischen- und Endreinigung (auch WC), Wachdienst,

Sicherheit, Personenschutz, Auf- / Abbau etc. anfallen. Hier einige Rechercheadressen für Veranstaltungstechnik sowie Dolmetscherdienste:

Anbieter	Website Leistungen/Schwerpunkt
Dolmetscher	
Bundesverband der Dolmetscher und Übersetzer e.V.	www.bdue.de Größter Berufsverband der Dolmetscher und Übersetzer in Deutschland.
Verband der Konferenzdolmetscher im Bundesverband der Dolmetscher und Übersetzer e.V.	www.vkd.bdue.de Dolmetscher-Suche, Beratende Dolmetscher
Veranstaltungstechnik	
DTHG Deutsche Theatertechnische Gesellschaft	www.dthg.de Unterrubriken wie Bühne/Studio, Beleuchtung, Ton, Dekorationsbau, Requisite, Kostüm und Maske.
Plattform der Konferenztechnik	www.konferenztechnik.de Lexikon der Konferenztechnik, Konferenzdolmetscher, Link zum Verleih von Veranstaltungstechnik.

So weisen Sie Ihre Helfer richtig ein

Das Veranstaltungspersonal präsentiert und repräsentiert Ihr Unternehmen – es ist sozusagen Ihr „Aushängeschild". Informieren Sie Ihre Helfer daher nicht nur über Ablauf und Details der Veranstaltung, sondern – insbesondere externes Personal – auch über Ihr Unternehmen. Internes Veranstaltungspersonal kann zusätzlich eine Schulung im Bereich Soft-Skills und Business-Knigge benötigen – vor allem wenn Sie Azubis und Praktikanten einsetzen möchten. Externes Personal von guten Agenturen sollte in diesen Bereichen bereits geschult sein.

Was Ihr Personal wissen muss

Wichtig ist, dass alle Mitarbeiter vor Ort umfassend über die Veranstaltung und das veranstaltende Unternehmen informiert sind. Jeder muss in der Lage sein, den Teilnehmern die gewünschten Infos und Auskünfte zu geben. Die Schulung sollte zeitnah vor der Veranstaltung erfolgen, sonst werden Details wieder vergessen. Informieren Sie Ihr Team mindestens über die in der folgenden Abbildung dargestellten Aspekte (siehe nächste Seite).

Damit Ihr Personal mit der Veranstaltungslocation auch wirklich vertraut ist und die typischen Besucherfragen beantworten kann, gehören eine gemeinsame Begehung sowie eine gründliche Einweisung in die zu erfüllenden Aufgaben zur Schulung. Machen Sie anschließend den Test! Nach der Schulung sollte jeder Mitarbeiter in der Lage sein, in eigenen Worten die Ziele, Aktionen und besonderen Abläufe während der Veranstaltung, seine Aufgaben, seinen Einsatzbereich, seinen Dienstplan und Pausenzeiten sowie die besprochenen Notfall- und Sicherheitsmaßnahmen wiederzugeben!

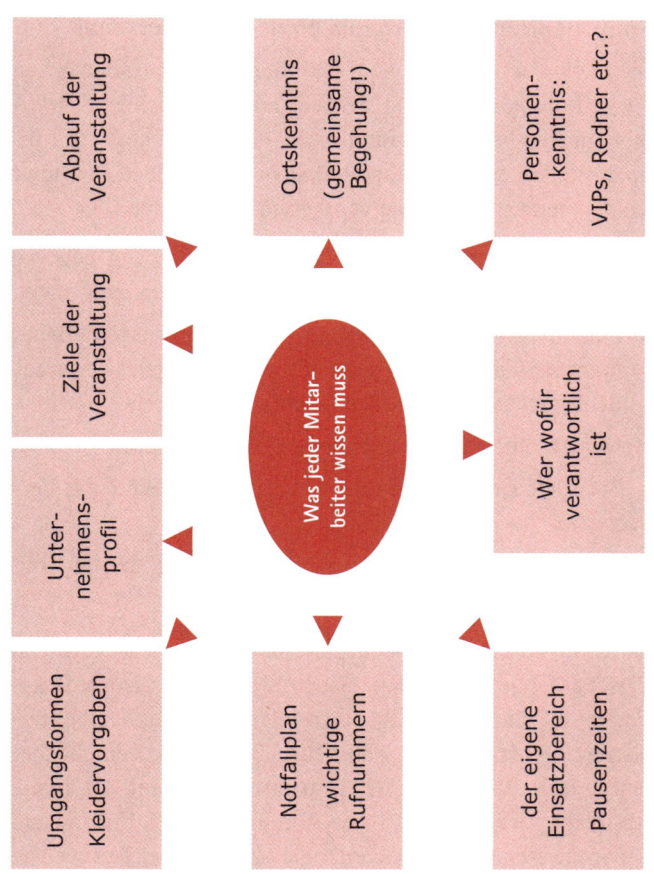

Personalbriefing: Kenntnisse, die jeder Mitarbeiter benötigt

So disponieren und organisieren Sie Ihr Personal

Die Menge an Personal, die Sie benötigen, ergibt sich aus den Veranstaltungszeiten und Zeitfenstern (in welchen Zeiträumen müssen bestimmte Tätigkeiten wie Garderobe, Registrierung erledigt sein etc.), den anfallenden Aufgaben und Ihrer Teilnehmerzahl. Klären Sie vor diesem Hintergrund:

- Wo, von wann bis wann, für welche Aufgaben wie viel Personal mit welchen Qualifikationen benötigt wird,

- Standort und Einsatzbereiche der jeweiligen Mitarbeiter (genauen Einsatzort benennen! Bezeichnungen wie „draußen" oder „drinnen" reichen nicht),

- wer Ansprechpartner und wer weisungsbefugt ist,

- Zulässige Einsatz- und erforderliche Pausenzeiten des Veranstaltungspersonals,

- wann, wo und durch wen das detaillierte Briefing mit Aufgabenverteilung erfolgt.

Ein Stau-Check hilft Ihnen zu prüfen, ob Sie ausreichend Personal eingeplant haben: Haben Sie die klassischen Situationen, in denen sich Schlangen bilden, wie Garderobe, Registrierung, Namensschildausgabe, Buffet etc. durchdacht und entsprechend geplant? Nicht raten – prüfen! Wo immer Sie nicht sicher sind, fragen Sie Profis (z.B. für Anzahl Servicepersonal) oder probieren Sie aus, wie viel Zeit welche Arbeitsschritte (Garderobe, Check-in etc.) erfordern. Legen Sie sich Gegenmaßnahmen zurecht, die Sie auch vor Ort noch ergreifen können, falls es trotzdem zu längeren Wartezeiten kommt!

Die Aufgaben der Projektleitung

Die Projektleitung ist für den reibungslosen Ablauf des Geschehens vor Ort verantwortlich – sowohl nach außen gegenüber den Teilnehmern und externen Dienstleistern als auch nach innen gegenüber dem Veranstaltungsteam.

Checkliste: Aufgaben der Projektleitung

- Abnahme der Location vor Beginn der Veranstaltung
- Check der Location, z. B. Dekoration, Aufbauten, Sauberkeit
- Beaufsichtigen aller extern vergebenen Arbeiten – hier besonders Aufbau, Ablauf und Abbau
- Prüfen des Informationsmaterials wie Handouts, Prospekte etc.
- Check der Veranstaltungstechnik wie Beleuchtung, Beschallung, Präsentationstechnik usw.
- Prüfen der Anwesenheit von Technikern, Künstlern, Rednern, Veranstaltungspersonal etc.
- Check der Parkplätze, Shuttles etc.
- Prüfen der Veranstaltungssicherheit, z. B. offenes Feuer, Fluchtwege, Feuerlöscher, Ersthelfer etc.

- Einweisen des Teams in die erforderlichen Sicherheits-
  maßnahmen
- Schulen und Delegieren bestimmter Aufgaben an das
  Veranstaltungspersonal
- Erstellen und Überwachen von Dienst- und Anwesen-
  heitsplänen
- Hilfe bei schwierigen Besuchergesprächen oder Be-
  schwerden
- „Plan B" organisieren und gegebenenfalls umsetzen
- Feedback geben und Kritikgespräche führen
- Kontrolle der Rückbauten, eventueller Schäden und
  Rückübergabe der Location

Zur Erfüllung dieser anspruchsvollen Aufgaben benötigt die
Projektleitung eine ganze Reihe von Eigenschaften wie

- Erfahrung mit Veranstaltungen / Events,
- Entscheidungsfreude und -fähigkeit,
- Motivations- und Führungsqualität,
- Organisations- und Improvisationstalent,
- Verantwortungsbewusstsein,
- gepflegte Erscheinung, sicheres Auftreten,
- sicherer sprachlicher Ausdruck, ggf. auch Fremdsprachen-
  kenntnisse,
- Gesprächs- und Verhandlungsbereitschaft,
- technisches / kaufmännisches Grundwissen,

- gutes Personengedächtnis,

- Gespür im Umgang mit Menschen unterschiedlichster Temperamente.

Da eine solche Aufgabe nicht ohne Weiteres übertragen werden kann, sollten Sie sich unbedingt rechtzeitig mit der Frage der Vertretung der Projektleitung (bei Ausfall durch Unvorhergesehenes) beschäftigen (siehe dazu das folgende Kapitel).

Erstellen Sie einen Plan B

Eine gute Planung alleine reicht noch nicht aus–es gibt viele unerwartete Faktoren, auf die bei Veranstaltungen schnell reagiert werden muss. Wohin bei schlechtem Wetter? Was tun, wenn der Referent ausfällt? Was, wenn die Technik streikt? Wägen Sie bereits in der Planungsphase ab, wie Sie im Fall der Fälle vorgehen werden und welche Maßnahmen präventiv zu ergreifen sind. Hier einige hilfreiche Fragen für Ihre Plan-B-Überlegungen:

- Welche Probleme, Engpässe, Schwierigkeiten kennen Sie aus Ihrer Veranstaltungsvergangenheit?

- Welche Pannen, Engpässe etc. haben Ihre Teilnehmer bei Ihren Veranstaltungen bereits erlebt?

- Welche „Probleme" mit Ihrer Zielgruppe sind wahrscheinlich oder möglich?

- Wie wollen Sie im Ernstfall reagieren?

Spielen Sie rechtzeitig vor Ihrer Veranstaltung alle Stationen, Programmpunkte und Abläufe mit Hilfe Ihres Ablaufplans gedanklich durch – am besten im Projektteam. Ein frühzeitiger Check ermöglicht Ihnen, Vorsorgemaßnahmen zu ergreifen. Außerdem sind Sie durch eine solche gedankliche „Trockenübung" im Ernstfall wesentlich schneller in der Lage zu reagieren, da der Zeitaufwand für die Lösungsfindung wegfällt.

Mit Checklisten Risiken minimieren

Nutzen Sie die Hilfsmittel der Profis wie Ablaufpläne, Checklisten und Regiebücher nicht nur für Ihre Veranstaltungsplanung. Sie gewährleisten Ihnen auch eine sichere Durchführung. Egal ob jemand krankheitsbedingt ausfällt oder im Stau feststeckt: Sind seine Aufgaben in einem Ablaufplan schriftlich festgehalten, wird es leichter sein, ihn kurzfristig zu vertreten. Entscheidend ist, dass für alle Verantwortlichen jederzeit klar erkennbar ist, wer wann und wo was tut bzw. wofür zuständig ist.

Muster Ablaufplan: (Wann, Wo, Was & Wer)

Startzeit	Endzeit	Gebäude / Raum	Tätigkeit	Verantwortlich

Ablaufpläne und To-do-Listen helfen Ihnen auch beim Delegieren, was vielen Projektleitern schwer fällt. Sie können und wollen nicht loslassen aus Angst, dass sich Fehler einschleichen. Sorgfältig ausgearbeitete Checklisten, in denen die Projektleitung detailliert festhält, was wann in welchem Umfang geschehen muss, bieten da eine gute Hilfestellung. Hier ein Beispiel für eine solche Checkliste:

Checkliste: Aufgaben am Veranstaltungsort

Ausstattung Konferenzraum _____

Gebuchter Raum: _____

(Raumgröße ausreichend?)
gebucht von __:__ bis __:__ Uhr

Benötigte Auf- und Abbauzeiten?
Zeit für Probe und / oder Technik-Check?

Ansprechpartner seitens Hotel oder Locationbetreiber für alle Fragen und Schwierigkeiten bezüglich des Raumes:

_____

Betreuung der Veranstaltung durch _____

Projektleitung, Tagungssekretärin? Hostessen?
Separater Raum oder Desk vor Veranstaltungsraum?

Beleuchtung / Verdunklung im Raum einstellbar?
Heizung / Klimatisierung im Raum regelbar?
Lärmschutz: Angrenzende Räume? Nachbarveranstaltungen?

Bestuhlungsform: _____ (mit Referenten geklärt?)

Sichthindernisse wie Säulen etc. berücksichtigt?

Ausstattung: _____

z. B. Bühne, Rednerpult, Fahnen, Schilder (Corporate Identity – CI, Corporate Design – CD), Dekoration, Blumenschmuck, Logo (Firmen- oder Veranstaltungslogo

Wegweiser: Wie finden die Gäste zum Veranstaltungsraum?

Präsentationstechnik und -material: _____

Was wurde bestellt / gebucht?
Beamer, Overhead, Laptop, Mikrofon, Übersetzungstechnik, Flipchart, Boardmarker (Stifte testen), Metaplantafeln, Moderatorenkoffer (Inhalt prüfen)
Präsentations-Test: Alles abspielbar und gut erkennbar / lesbar?

Sonstige Technik, z. B. Licht, Sound: _____

Soundcheck, Lichtcheck: Test wann und mit wem:
Technischer Support vor Ort: Wer, von wann bis wann und Standort: _____

Betreuung für internationale Teilnehmer und / oder Speaker?
Über welche Fremdsprachenkenntnisse sollte das Veranstaltungspersonal verfügen?
Gegebenenfalls auch Übersetzer, Dolmetscherkabine etc., dann mit Probe!

Tagungsgetränke, Pausenerfrischungen, Mittagessen etc.:
Service: Was ist bestellt und für wann? _____

Welcome-Erfrischungen?
Wann und wie häufig werden Getränke aufgefrischt?
Erfrischungen im Veranstaltungsraum oder Pausenbereich?

Mittagessen: Was, wann und wo? Separater Bereich, Tische etc. gewünscht?

Eingehen auf besondere Wünsche und Anforderungen bezüglich Speisen und Getränken gewünscht / möglich?

Veranstaltungsunterlagen:
Handouts und sonstiges Material: Schreibblöcke, Stifte, Namensschilder (mit Reserve-Blankos), Erfolgsmessung, Feedbackbögen etc.?
Kopieren vor Ort möglich? Kosten?

Aktuelle Teilnehmerliste:
Besonderheiten bei den Teilnehmern: _____

Besonderheiten wie Umgang mit Mobiltelefonen, NachrichtenWeitergabe, Sonderwünschen, Umgang mit Zusatzkosten etc.

Gestalten Sie eine solche Liste nach Ihren Anforderungen und versehen Sie diese zusätzlich noch mit den für Ihre Veranstaltung benötigten Spalten (beispielsweise Anzahl, Bemerkungen, Standort, Zeitpunkt oder Dauer, Verantwortlich etc.).

Die Veranstaltung dokumentieren

Gerade Anfänger unterschätzen häufig, wie bedeutsam eine professionelle Dokumentation einer Veranstaltung sein kann: War Ihre Veranstaltung erfolgreich, so lässt sie sich für ein Unternehmen noch lange sinnvoll vermarkten. Die Dokumentation gibt Ihnen das notwendige Material an die Hand, die Teilnehmer in der Nachphase noch einmal an die Veranstaltung zu erinnern – gleichgültig, ob Sie ihnen ein Dossier zukommen lassen, Fotos zum Herunterladen anbieten oder beim Verlassen einen Memory Stick als Give-away verschenken möchten. Zur Dokumentation stehen Ihnen viele Möglichkeiten zur Verfügung – von Fotos über filmische Dokumentation (z. B. Video-Zusammenschnitte der einzelnen Redebeiträge) bis hin zur Sammlung externer Berichterstattung wie Zeitungsartikel oder einem Dossier mit Fachbericht und einem Fazit aus den Diskussionsbeiträgen. Waren hochrangige Besucher oder VIPs anwesend, sollte dies in Bild und Text unbedingt festgehalten werden, denn Sie belegen damit die Bedeutung Ihrer Veranstaltung. Planen Sie die von Ihnen gewünschte Art der Dokumentation frühzeitig ein, da

- dies evtl. im Ablaufplan berücksichtigt werden muss,
- Personal für die Dokumentation benötigt wird und
- Dokumentationsarten wie Filme oder Profi-Fotografen einen Kostenfaktor darstellen.

Klären Sie im Vorfeld, ob Sie Ihre Dokumentation rein für interne oder auch für externe Zwecke (wie zum Beispiel zur Veranstaltungswerbung) nutzen möchten. Je nach Nutzungsart kann die Einholung von Rechten erforderlich werden (Mitschnitt von Reden oder Präsentationen, Urheberrecht, Recht am eigenen Bild etc.). Vergessen Sie auch nicht Pressevertreter aus lokalen Medien oder der Fachpresse zu Ihrer Veranstaltung zu bitten. Auch ihnen sollten Sie die Dokumentation zukommen lassen. Mehr zum Thema Nachbereitung erfahren Sie ab S. 109.

Gefahren vermeiden und richtig versichern

Auf jeder Veranstaltung kann es zu kritischen Situationen kommen: Stolperfallen, rutschiger Bodenbelag oder gar Magenverstimmungen bei den Teilnehmern. Als Veranstalter tragen Sie sowohl juristisch als auch moralisch hierfür die Verantwortung. Ein gutes Risikomanagement hilft Ihnen, bereits im Vorfeld Gefahren zu erkennen und Vorsorgemaßnahmen zu treffen, falls der Schadensfall wirklich eintritt. Die wichtigsten Schritte des Risikomanagements sind:

- Bestandsaufnahme,
- Analyse der möglichen Risiken,
- Bewertung der Eintrittswahrscheinlichkeit und Schadenshöhe,
- Maßnahmenplan für den Schadensfall.

Bestandsaufnahme und Analyse möglicher Risiken

Führen Sie in Gedanken die Generalprobe Ihrer Veranstaltung durch. Stellen Sie dann sicher, dass alle vermeidbaren Gefahren beseitigt werden. Fragen Sie sich u.a.: Sind alle Kabel sicher befestigt? Sind Treppen und Absätze ausreichend beleuchtet? Sind Notausgänge gut beschildert? Es kann immer zu unvorhergesehenen Situationen kommen, durch die Gefahren entstehen. Sind z.B. die Wege im Außenbereich auch bei Regen begehbar? Können bei plötzlichem Wetterwechsel durch die Dekoration Risiken auftreten? Gibt es auf dem Buffet schnell verderbliche Lebensmittel?

Eintrittswahrscheinlichkeit und Schadenshöhe

Prüfen Sie, wie hoch die Wahrscheinlichkeit ist, dass Risiken tatsächlich eintreten. Sachschaden, Personenschaden oder auch „nur" der Ausfall eines Programmpunktes – je genauer Sie sich mit den möglichen Schäden und deren Bewältigung befassen, umso sicherer können Sie und die Mitarbeiter Ihrer Veranstaltung darauf reagieren.

Was tun im Schadensfall?

Das Wichtigste ist: schnell, aber geplant zu reagieren. Im Schadens- oder gar Notfall kann jede Sekunde zählen. Stellen Sie daher sicher, dass alle an der Organisation und Durchführung beteiligten Personen ausreichend geschult und in der Lage sind, schnellstmöglich angemessene Schritte einzuleiten. Begehen Sie gemeinsam den Veranstaltungsort und klären Sie die sicherheitsrelevanten Fakten wie:

- Wo befinden sich die Notausgänge (Anzahl, Lage)?
- Wo sind Feuerlöscher angebracht? Sind alle mit der Bedienung vertraut?
- Sind Sanitäter / Notarzt / Rettungswagen / Ersthelfer am Veranstaltungsort?
- Wie und wo sind diese erreichbar?

Eine Liste aller wichtigen Notfall- und Service-Telefonnummern (Notarzt, Polizei, Feuerwehr, lokaler Taxiruf) und der Servicenummern der externen Dienstleister muss allen Mitarbeitern zur Verfügung stehen.

Versicherungen

Und doch: auch die perfekteste Vorbereitung kann nicht jeden Unfall verhindern. Prüfen Sie deshalb, ob es sinnvoll ist, eine Veranstaltungsversicherung abzuschließen. Versicherungen sollen greifen, wenn der Schaden passiert ist – und dienen somit der Schadensbewältigung. Lassen Sie sich vor Abschluss einer (vielleicht unnötigen) Versicherung unbedingt von einem seriösen Versicherungsexperten beraten.

Achten Sie darauf, dass der mögliche Schaden und die Kosten für die Versicherungssumme in einem gesunden Verhältnis stehen. Die Absicherung von Risiken mit hoher Eintrittswahrscheinlichkeit, aber geringen Auswirkungen, ist nicht zwangsläufig notwendig. Hingegen sollten Risiken mit potenziell hoher Schadenssumme auch bei geringer Eintrittswahrscheinlichkeit abgesichert werden. Übrigens lohnt es sich immer, in die Schadensprävention zu investieren – manche Versicherungen honorieren dies mit einer Reduzierung des Beitrages.

Lassen Sie prüfen, welche Risiken bereits durch Ihre Firmenhaftpflicht abgedeckt sind. Je nach Situation und Vertrag könnten weitere Versicherungen wie Veranstaltungsausfall-Versicherung, Brandversicherung, Unfallversicherung oder Diebstahlversicherung ergänzt werden. Eine empfehlenswerte Allround-Versicherung ist die Veranstaltungshaftpflicht. Sie deckt eine große Zahl typischer Schäden ab. Veranstaltungshaftpflichtversicherungen werden von den meisten großen Versicherungen angeboten. Wichtig ist, dass eine solche Standardversicherung individuell angepasst werden kann, damit man Lücken nicht erst im Schadensfalle erkennt.

Auf einen Blick: Ihre Veranstaltung durchführen

- Eine gute Atmosphäre ist für jede Veranstaltung wichtig. Achten Sie darauf, genug – und ausreichend geschultes – Personal vor Ort zu haben. Jeder Einzelne sollte wissen, was zu tun ist, und kompetent Auskunft geben können.

- Die Aufgaben der Projektleitung sind auch vor Ort noch vielschichtig und fordern umfassende Kompetenzen. In ihrer Verantwortung steht der Erfolg der gesamten Veranstaltung, zugleich ist sie Ansprechpartner für Teilnehmer und Mitarbeiter.

- Überlegen Sie, was schiefgehen könnte, und bereiten Sie für diese Situationen einen Plan B vor. Damit Ausfälle einzelner Mitarbeiter oder der Projektleitung nicht zur Katastrophe werden: Halten Sie alle Aufgaben schriftlich in Checklisten oder Ablaufplänen fest.

- Kümmern Sie sich rechtzeitig darum, dass Ihre Veranstaltung dokumentiert wird und wie dies geschehen soll. Sie erhalten so Material für Werbung, Nachfass-Aktionen und für die Erfolgsmessung.

- Welche Risiken könnten auftreten, wie hoch wäre der Schaden? Prüfen Sie, für welche Fälle es sinnvoll ist eine Versicherung abzuschließen.

Ihre Veranstaltung nachbereiten

Damit Ihre Veranstaltung zum Erfolg wird, sind auch nach ihrem Ende noch einige wichtige Dinge zu erledigen.

Im folgenden Kapitel lesen Sie,

- wie Sie gegenüber internen und externen Partnern Anerkennung, Dank und Kritik äußern (ab S. 111),
- wie Sie die Werbung danach gestalten und was sie bringt (ab S. 114),
- wie Sie die Teilnehmerzufriedenheit und andere Ziele messen (ab S. 118),
- was in Ihren Abschlussbericht gehört (ab S. 121).

Überblick behalten: Ihre To-dos

Die Veranstaltung ist vorbei, die Abfallkörbe sind voll, Ihr Akku ist leer. Aber auch jetzt ist Ihre Arbeit noch nicht getan. Einige Dinge müssen noch vor Ort überprüft, geklärt und erledigt werden, andere zeitnah nach Ihrer Veranstaltung.

Checkliste: Ihre To-dos nach Veranstaltungsende
Noch am Veranstaltungsort

- Erfassen und melden Sie Schwund, Bruch und Schäden.
- Abbau, eventuell Rückbauten von Installationen wie Bühnen, Tribünen etc.
- Kontrollieren Sie, dass Location und Material in ordnungsgemäßem Zustand hinterlassen und zurückgegeben werden.
- Abfallentsorgung
- Sprechen Sie allen Beteiligten (intern wie extern) Ihren persönlichen Dank aus.

Zeitnah nach der Veranstaltung

- Veröffentlichung von Pressemeldungen etc.
- Geben Sie dem Veranstaltungsteam und dem Projektteam ein qualifiziertes Feedback.
- Interne Nachbesprechung der Veranstaltung, Abläufe etc.
- Bedanken Sie sich bei Lieferanten, Sponsoren und Dienstleistern.

- Versenden Sie Dankschreiben an Referenten und Gastredner.

- Erfolgsmessung der von Ihnen gesetzten Ziele der Veranstaltung.

- Führen Sie eine Budget- und Ausgabenkontrolle durch, erfassen Sie ggf. Zusatzkosten, beispielsweise durch Mehrverbrauch oder Sonderwünsche, die übernommen wurden.

- Erstellen Sie die Endabrechnung, bezahlen Sie Dienstleister, Lieferanten etc.

- Erstellen Sie den Bericht für Ihren Vorgesetzen oder Auftraggeber.

- Arbeiten Sie eventuelle Adress- oder Namensänderungen in die Teilnehmerdatei ein.

- Versenden Sie versprochene Unterlagen, Reden etc.

- Versenden Sie eventuell Reminder an Ihre Teilnehmer (Fotos, Filme etc.)

Feedback an interne und externe Partner

Geben Sie allen Beteiligten – ob Kollege oder Dienstleister – wenn möglich noch vor Ort ein angemessenes Feedback! Später folgt eine ausführlichere Anerkennung der Leistungen, aber auch eine fundierte, wertschätzend und respektvoll geäußerte Kritik. Damit legen Sie das Fundament für eine weitere erfolgreiche Zusammenarbeit und schaffen die Basis für eine nachhaltig gute Beziehung.

Interne Feedback-Gespräche

Bei den Feedbackgesprächen mit dem Durchführungsteam und den internen Mitarbeitern geht es vor allem darum, für die erbrachte Leistung das verdiente Lob auszusprechen, zumal es sich bei den Leistungen häufig um – manchmal auch unbezahlte – Überstunden handelt. Ihr Lob sollte qualifiziert und detailliert erfolgen, also kein Standardsatz im Sinne von: „Danke, habt ihr prima gemacht", sondern eher: „Frau Müller, ich danke Ihnen dafür, dass Sie die Teilnehmerregistrierung so gewissenhaft koordiniert und zügig durchgeführt haben! Sie haben damit wesentlich zum Erfolg der Veranstaltung beigetragen."

Natürlich muss dies auch berechtigt und verdient sein – ansonsten ist es vielleicht eher an der Zeit für ein Kritikgespräch (welches – ganz im Gegensatz zum Lob – immer unter vier Augen erfolgen sollte). Klären Sie, was Ihrer Meinung nach noch nicht perfekt lief und warum, möglichst sachlich und konstruktiv! Wichtig ist es zu besprechen, was Sie sich gewünscht hätten und wo die Abweichungen davon lagen. Häufig entstehen solche Abweichungen, weil im Vorfeld nicht detailliert besprochen wurde, welche Leistungen der einzelne Mitarbeiter erbringen sollte.

Möglich wäre allerdings auch, dass die Bedingungen während der Veranstaltung das gewünschte Verhalten nicht möglich gemacht haben – so wird man etwa Hostessen, die eine

Messe auf den gewünschten Highheels „überstehen" müssen, am Ende eines Messetages die Anstrengung ansehen.

Lob und Kritik für die Dienstleister

Bei dem Feedback für externe Partner und Dienstleister sollte möglichst unmittelbar am Ende der Veranstaltung festgehalten werden, ob die eingekauften Leistungen im bestellten Maße zur gewünschten Zeit am rechten Ort waren. Kam es zu Abweichungen oder Engpässen? War alles in Ordnung? Vor allem, wenn Leistungen schad- bzw. mangelhaft waren und es zu finanziellen Aufwendungen für die Beschaffung von Ersatz kam, muss dies festgehalten werden. Das ist wichtig, um die entstandenen Kosten ersetzt zu bekommen oder den Rechnungsbetrag mindern zu können.

Aber auch wenn die Leistungen in Ordnung waren, ist eine Verbesserung von Veranstaltung zu Veranstaltung anzustreben. Was hätte besser laufen können? Wo war der Ablauf noch nicht rund? Gute Dienstleister sind Ihnen dankbar für solche Tipps und Hinweise! Beim Feedback sollten alle Beteiligten versuchen, aus den Rückmeldungen zu lernen, um sich für Folgeaktionen zu verbessern.

Externe Dienstleister und Partner freuen sich übrigens besonders über Dankschreiben, die sie zu Werbezwecken als Empfehlung nutzen dürfen. Da Empfehlungen in dieser Branche das A und O sind, ist nichts so werbewirksam wie der O-Ton eines zufriedenen Kunden.

Werbung danach

Nutzen Sie auch die Phase nach Ihrer Veranstaltung zur Kommunikation mit den Teilnehmern – es bieten sich tatsächlich zahlreiche spannende Möglichkeiten, um im Gedächtnis der Teilnehmer zu bleiben und bei Folgeveranstaltungen nicht wieder bei Punkt Null beginnen zu müssen (siehe dazu das Kapitel „Die Nachphase", S. 88). Es gilt hier die alte Weisheit: „Nach der Veranstaltung ist vor der Veranstaltung".

Warum sollten Sie mit einer erfolgreichen Veranstaltung nicht für Ihr Unternehmen werben?

- Auf Ihrer Website können Sie Fotos, Videos oder Berichte einstellen (Rechte beachten!) und so Ihre Aktivitäten weit über den Teilnehmerkreis hinaus bekannt machen.

- Informieren Sie Ihren Kundenstamm in einem Mailing darüber.

- Präsentieren Sie sich als das zukunftsorientierte, aktive, sympathische, innovative Unternehmen, das Sie sind, nach dem Motto „Tue Gutes und sprich darüber!"

Mit der Werbung danach setzen Sie einen positiven Kreislauf in Gang, wie Sie in der folgenden Abbildung sehen können. Die Werbung im Vorlauf unterstützt den Erfolg Ihrer Veranstaltung, dies lässt sich werbewirksam einsetzen und verstärkt die Attraktivität der Folgeveranstaltung.

Nach der Veranstaltung ist vor der Veranstaltung: der positive Kreislauf von Veranstaltungserfolg und Werbung

So bleiben Sie im Gedächtnis

Fragen nach dem Praxisnutzen von Inhalten, Tipps und Ar-
beitsmaterial aus Weiterbildungsveranstaltungen kann der
Teilnehmer erst im Nachgang beantworten, wenn er auch
Gelegenheit hatte, diese in seiner beruflichen Praxis zu testen.
Dadurch bietet sich für Sie als Veranstalter eine sinnvolle
Gelegenheit, die Teilnehmer noch einmal zu kontaktieren,
den Nutzen abzufragen und Vertiefungsmöglichkeiten aus-
zuloten wie

- weitere Fragen an den Referenten,

- Bedarf an Folgeseminaren, weiteren Themen etc.,

- bei Zufriedenheit mit der Weiterbildung gegebenenfalls
  Fragen wie „An wen werden Sie unser Seminar weiter-
  empfehlen?"

Nach einer Messe können Sie Ihr klassisches Dankschreiben
mit einem Aufruf wie: „Erfinden Sie Ihr Lieblingsprodukt xy"
verknüpfen. So erhalten Sie als positiven Nebeneffekt Input
für neue Produktideen und erfahren, was sich Ihre Kunden
und potenziellen Kunden wünschen. Die Teilnehmer reichen
ihre Ideen ein und Sie können ein Gewinnspiel veranstalten,
das Sie mit einer witzigen Berichterstattung zu den besten
Ideen garnieren. Preis ist z. B. ein VIP-Besuch der nächsten
Messe mit allem Drum und Dran.

Doch gleichgültig, ob Seminar, Messe, Gala-Abend oder In-
centive-Reise: Nehmen Sie nach der Veranstaltung noch
einmal Kontakt mit den Teilnehmern auf. Einige Ideen dazu
haben Sie bereits in den Kapiteln „Nachphase" (S. 88) und

„Die Veranstaltung dokumentieren" (S. 103) kennengelernt. Ob Sie sich mit einem Schreiben oder einer Mail begnügen, ob Sie originelle Reminder verschicken oder ein Dossier zusammenstellen, Fotos oder Videos zum Download anbieten, hängt von der Veranstaltungsart und Ihrem Budget ab. Wie immer Sie es tun – eine erfolgreiche Veranstaltung sollten Sie den Teilnehmern unbedingt noch einmal ins Gedächtnis rufen!

Lust auf die nächste Veranstaltung

Es gibt zahlreiche Möglichkeiten, nach Veranstaltungen mit den Teilnehmern in Kontakt zu bleiben und so die Lust auf Ihre Folgeveranstaltungen und damit die Teilnahmequote zu erhöhen! Bei jährlich wiederkehrenden Veranstaltungen von Ball bis Teambuilding etwa können Sie den Teilnehmern als „Safe-the-date" ein stimmungsvolles Foto der jeweiligen Person von der letzten Veranstaltung senden und mit einem persönlichen, gegebenenfalls handschriftlichen Vermerk versehen wie „Lieber xy, möchten Sie sich bald wieder so amüsieren? Dann merken Sie sich schon mal den ... vor – Ihre Einladung erhalten Sie in Kürze! Ich freue mich auf Sie!"

Nach einer Incentive-Veranstaltung kann eine gute Berichterstattung und „Werbung" z. B. entscheidend dazu beitragen, die Mitarbeiter, die in diesem Jahr nicht mit zum Kreise gehörten, zu motivieren sich richtig anzustrengen, um dieses Ziel und damit die Teilnahme an der nächsten Incentive zu erreichen.

Erfolge messen

Einer der spannendsten Aspekte der Veranstaltungsnachbearbeitung besteht sicher darin festzustellen, ob und inwiefern gesetzte Ziele erreicht wurden. Stellen Sie jedes Ziel, das Sie im Vorfeld festgelegt haben auf den Prüfstand, ob dies im geplanten Umfang und im gesetzten Zeitrahmen erreicht wurde. Bedenken Sie bitte, dass manche Ziele wie Umsatzsteigerung oder Neukundengewinnung häufig zwar mit einer Veranstaltung angebahnt werden können, diese aber nur selten direkt auf der Veranstaltung erreicht werden.

Beispiel: Mehrstufige Erfolgsmessung

 Johanna G. hat die Erfolgsmessung bei ihrem diesjährigen Messeauftritt mehrstufig umgesetzt: Unmittelbar nach der Messe wird unter anderem festgehalten, wie viele qualifizierte Gespräche mit potenziellen Neukunden geführt wurden. Diese wurden in einem zweiten Schritt innerhalb einer Woche nach der Messe vom Außendienst und Vertrieb kontaktiert. Sechs Wochen nach der Messe wurde kontrolliert, wie viele dieser potenziellen Neukunden Angebote angefordert haben. Drei Monate nach der Messe wurde geprüft, aus wie vielen der Angebote tatsächlich Aufträge wurden.

Teilnehmerzufriedenheit

Eine interessante Frage wird sicherlich sein: Welche Wirkung habe ich mit meiner Veranstaltung erzielt? Zur Erfolgsmessung der Teilnehmerzufriedenheit stehen Ihnen unterschiedliche Instrumente zur Verfügung – vom klassischen Feedbackbogen, der noch während der Veranstaltung ausgefüllt wird, bis zur Onlinebefragung, zu der Sie im Nachgang per E-Mail auffordern können, vom Interview (achten Sie darauf, dass die Interviewer bei persönlichen Befragungen gut geschult sind, um beispielsweise Suggestivfragen zu vermeiden) bis zum Mystery-Teilnehmer, der Ihre Veranstaltung wie ein normaler Gast besucht und bewertet.

Beachten Sie, dass Sie am meisten erfahren, wenn Sie es schaffen, O-Töne Ihrer Teilnehmer einzufangen! Stellen Sie daher auf Ihren Feedbackbögen oder Online-Befragungen auch offene Fragen. Diese sind zwar in der Auswertung etwas aufwendiger, bringen Ihnen aber wesentlich mehr. Denn eine reine Bewertung in Noten oder Prozentpunkten hat bei Kritik praktisch keine Aussagekraft. Bei schlechten Bewertungen zur Teilnehmerzufriedenheit könnte es beispielsweise dem einen im Veranstaltungsraum zu kalt gewesen sein, einem anderen haben Speisen oder Getränke nicht geschmeckt, einem dritten gefielen die Einrichtung oder das Muster des Teppichs nicht. Nur durch detaillierte Antworten erhalten Sie wichtige Hinweise, um sich von Veranstaltung zu Veranstaltung verbessern zu können!

In Zahlen messbare Ziele

Wie viele der geladenen Gäste haben teilgenommen? Wie viele sind trotz Anmeldung nicht erschienen (No-show-rate). Wenn es keine Einladungen gab: Auf wie viele Teilnehmer hatten Sie gehofft, wie viele kamen tatsächlich? Und natürlich: Wurde das für die Veranstaltung vorgesehene Budget eingehalten?

Haben Sie Ihre Ziele erreicht – herzlichen Glückwunsch! Und falls Sie weitere Veranstaltungen dieser Art durchführen wollen, können Sie sich gleich die Frage stellen, ob die Ziele in Art und Umfang gleich bleiben sollen oder ob Sie Ihre Ziele für weitere Veranstaltungen anpassen werden.

Wurden die Ziele nicht erreicht?

Haben Sie Ihre Ziele nicht realisiert, untersuchen Sie die Gründe dafür, um nicht vielleicht ein Konzept vorschnell einzustellen, bei dem nur Parameter wie Zeit, Ort, Zielgruppe etc. falsch gewählt waren. Hilfreich sind Fragen wie:

- Inwiefern wurden die Ziele nicht erreicht? Wie hoch ist die Abweichung vom Ziel?

- Warum wurde das Ziel nicht erreicht? Handelt es sich um veränderliche Faktoren (z. B. durch gründlichere Schulung oder Auswahl des Veranstaltungspersonals etc.) oder unabänderliche Faktoren (wie das Wetter)?

- Was kann für Folgeveranstaltungen gelernt werden? Was soll ggf. verändert werden (Zeit, Ort, Programm ...)?

- Werden zur künftigen Zielerreichung zusätzliche Mittel benötigt (Budget, Personal, Know-how)?

- Soll Ihre Veranstaltung eingestellt oder erneut durchgeführt werden?

Informieren Sie auch Ihr Projektteam und, falls nicht identisch, Ihr Veranstaltungsteam über die Zielerreichung oder die Abweichung von den Zielen!

Den Abschlussbericht erstellen

Ihre Veranstaltung ist vorbei, die Abrechnung erledigt, die Erfolgsmessung ausgewertet? Dann können Sie jetzt daran gehen, die Abschlussdokumentation zu erstellen, um Ihr Projekt ordentlich zu beenden. Sie setzen damit Ihren persönlichen Schlusspunkt, lassen die Arbeit der letzten Wochen oder Monate noch einmal Revue passieren und schließen damit ab. Der Zeitaufwand für den Abschlussbericht erscheint einem häufig als lästiges Übel, zumal bei den meisten Veranstaltungsplanern andere Aufgaben, E-Mails etc. liegen geblieben sind und nun dringend bearbeitet werden müssten. Dennoch ist dies der letzte wichtige Schritt

- für einen qualifizierten Bericht an den Vorgesetzten oder Auftraggeber,
- zur Dokumentation der eigenen erbrachten Leistung,
- als Vorbereitungsgrundlage für weitere Veranstaltungen.

In Ihren Abschlussbericht gehören alle relevanten Daten zur Zielerreichung, zum Feedback und zur Einhaltung der Budgetvorgaben.

Zielerreichung

Führen Sie zunächst Ihre bezifferbaren Veranstaltungsziele detailliert auf. Haben Sie eine Erfolgsmessung durchgeführt (Auftragsvolumen, Neukundengewinnung, Teilnehmerzahl, Now-show-rate etc.), können Sie den Grad der Zielerreichung genau festlegen. Wenn nicht, sollten Sie jetzt die entsprechenden Daten zusammentragen, die Ihnen die Frage beantworten können, welche Ziele Sie wie gut erreicht haben. Vergessen Sie auch langfristige Ziele nicht! Ergänzen Sie die Daten nach der entsprechenden Frist, z.B. 6 bis 12 Monate.

Feedback

Anhand des Feedbacks können Sie die Erreichung der „weichen" Ziele prüfen. Werten Sie Feedbackbögen, Teilnehmerbefragungen etc. auf die vor der Veranstaltung schriftlich festgelegten weichen Ziele hin aus. Hat die Veranstaltung das Image Ihres Unternehmens in die gewünschte Richtung befördert? Konnten Sie die Teilnehmer begeistern, interessieren usw.? Halten Sie auch das negative oder positive Feedback aus den Reihen des Orga-Teams und der Mitarbeiter im Abschlussbericht fest. Auch daraus lassen sich wertvolle Schlüsse ziehen.

Veranstaltungsbudget

Stellen Sie nun alle Unterlagen zum Budget zusammen. Wie hoch lagen die ursprünglichen Planungen? Wie oft mussten Budgetvorgaben korrigiert werden? In welchen Bereichen gab es Abweichungen vom Budget? Warum? Wo wurde das Budget eingehalten oder unterschritten? Ein solcher differenzierter Blick hilft Ihnen, Budgetengpässe in Zukunft zu vermeiden.

Legen Sie zu Ihrem Abschlussbericht alle wichtigen Arbeitshilfen (Check-Listen, To-do-Listen etc.), die Sie für die Veranstaltung benutzt haben, den Ablaufplan, Verträge, die Budgetübersicht, Einladungen und Teilnehmerkorrespondenz,

Handouts- und Teilnehmerunterlagen, Veranstaltungsfotos und -aufzeichnungen, Feedbackbögen usw. So haben Sie eine hervorragende Informationsquelle und sparen viel Zeit, wenn Sie Ihre nächste Veranstaltung organisieren.

Auf einen Blick: Ihre Veranstaltung nachbereiten

- Die gesamte Veranstaltungsnachbearbeitung sollte unbedingt kurzfristig nach der Veranstaltung erfolgen, damit die Eindrücke bei allen Beteiligten noch frisch sind. Eine gründliche Nachbereitung spart Ihnen bei kommenden Veranstaltungen Zeit und Geld!

- Ein angemessenes Feedback an Ihre Mitarbeiter und die Dienstleister schafft eine wertvolle Basis für die weitere Zusammenarbeit.

- Nutzen Sie den Erfolg Ihrer Veranstaltung werbewirksam und sorgen Sie dafür, dass sie bei den Teilnehmern in Erinnerung bleibt.

- Haben Sie all die Ziele erreicht, die Sie sich zu Beginn gesetzt hatten? Eine professionelle Erfolgsmessung kann auch über längere Zeiträume hinweg, mehrstufig erfolgen.

- Nehmen Sie sich die Zeit, einen Abschlussbericht zu erstellen. Er dokumentiert nicht nur Ihre Leistung, sondern ist zugleich eine perfekte Arbeitsgrundlage für Folgeveranstaltungen.

Literaturverzeichnis

Funke, Elmar; Müller, Günter: Handbuch zum Eventrecht. Köln, 2003

Güllemann, Dirk: Veranstaltungsmanagement und Recht / Vertrags- und Haftungsfragen. Köln, 2002

Kemper, Peter: Der Trend zum Event. Frankfurt, 2001

Litke, Hans-Dieter; Kunow, Ilonka: Projektmanagement. Freiburg, 2012

Mikunda, Christian: Der verbotene Ort oder die inszenierte Verführung. München, 2005

Nickel, Oliver: Eventmarketing. Grundlagen und Erfolgsbeispiele. Köln, 2005

Weiland, Neil G.; Poser, Ulrich: Der Sponsoringvertrag. Mit CD-ROM. München, 2005

von Fircks, Alexander: Veranstaltungen perfekt organisieren. Ein Handbuch für offizielle und private Anlässe. Berlin, 1999

von Graeve, Melanie: Erfolgsfaktor Eventmarketing. Wie Sie mit Events, Roadshows und Messen die Märkte erobern. Göttingen, 2006

von Graeve, Melanie: Events und Veranstaltungen professionell managen, Göttingen, 2008

Stichwortverzeichnis

Impressum

Bibliografische Information der Deutschen Nationalbibliothek
Die Deutsche Nationalbibliothek verzeichnet diese Publikation in der Deutschen Natio-
nalbibliografie; detaillierte bibliografische Daten sind im Internet über
http://www.d-nb.de abrufbar.

Print: ISBN: 978-3-648-00314-5 Bestell-Nr.: 00351-0001
ePub: ISBN: 978-3-648-01871-2 Bestell-Nr.: 00351-0100
ePDF: ISBN: 978-3-648-01872-9 Bestell-Nr.: 00351-0150

Melanie von Graeve
Veranstaltungen organisieren
1. Auflage 2012

© 2012, Haufe-Lexware GmbH & Co. KG, Munzinger Straße 9, 79111 Freiburg
Redaktionsanschrift: Fraunhoferstraße 5, 82152 Planegg/München
Telefon: (089) 895 17-0
Telefax: (089) 895 17-290
Internet: www.haufe.de
E-Mail: online@haufe.de
Redaktion: Jürgen Fischer
Redaktionsassistenz: Christine Rüber

Lektorat: Gisela Fichtl, Sylvia Rein
Satz: Beltz Bad Langensalza GmbH, 99947 Bad Langensalza
Umschlag: Kienle gestaltet, Stuttgart
Druck: freiburger graphische betriebe, 79108 Freiburg

Die Autorin

Melanie von Graeve

Event-Management-Ökonom (VWA), ist Inhaberin der Veranstaltungsagentur DKTS Der Konferenz- und TagungsService (www.dkts.de), Fachbuchautorin und Dozentin. Sie gibt ihr Praxis-Know-how aus 20 Jahren Event-, Veranstaltungs- und Messeorganisation in Event-Coachings, Trainings und als Event-Berater spannend, unterhaltsam und mit ansteckender Begeisterung weiter. Für ihre Dozenten- und Referententätigkeit wurde sie mehrfach ausgezeichnet.

Weiterführende Literatur

„Projektmanagement", von Hans-D. Litke, Ilonka Kunow und Heinz Schulz-Wimmer, 256 Seiten, EUR 8,95. ISBN 978-3-648-03502-3, Bestell-Nr. 00330

„Business-Knigge. Die 100 wichtigsten Benimmregeln", von Anke Quittschau und Christina Tabernig, 256 Seiten, EUR 6,90. ISBN 978-3-448-07984-5, Bestell-Nr. 00937

„Workshops vorbereiten, durchführen, nachbereiten", von Susanne Beermann und Monika Schubach, 128 Seiten, EUR 6,90. ISBN 978-3-448-09324-7, Bestell-Nr. 01308

Haufe TaschenGuides
Kompakte Informationen zum kleinen Preis

➲ Der Betrieb in Zahlen

- ABC des Finanz- und Rechnungswesens
- Balanced Scorecard
- Betriebswirtschaftliche Formeln
- Bilanzen
- BilMoG
- Buchführung
- Businessplan
- BWL Grundwissen
- BWL kompakt
- Controllinginstrumente
- Deckungsbeitragsrechnung
- Einnahmen-Überschussrechnung
- Englische Wirtschaftsbegriffe
- Finanz- und Liquiditätsplanung
- Finanzkennzahlen und Unternehmensbewertung
- Formelsammlung Betriebswirtschaft
- Formelsammlung Wirtschaftsmathematik
- IFRS
- Kaufmännisches Rechnen
- Kennzahlen
- Kontieren und buchen
- Kostenrechnung
- So funktioniert die Wirtschaft
- Statistik
- VWL Grundwissen

➲ Mitarbeiter führen

- Besprechungen
- Delegieren
- Checkbuch für Führungskräfte
- Führungstechniken
- Die häufigsten Managementfehler
- Management
- Mitarbeitergespräche
- Moderation
- Motivation
- Neu als Chef
- Projektmanagement
- Qualitätsmanagement
- Spiele für Workshops und Seminare
- Teams führen
- Workshops
- Zielvereinbarungen und Jahresgespräche

➲ Karriere

- Assessment Center
- Existenzgründung
- Gründungszuschuss
- Jobsuche und Bewerbung
- Vorstellungsgespräche

➲ Geld und Specials

- Sichere Altersvorsorge
- Börse
- Energie sparen im Haushalt
- Geldanlage von A–Z
- Immobilien erwerben
- Immobilienfinanzierung
- Meine Ansprüche als Rentner
- Eher in Rente
- Zitate für Beruf und Karriere
- Zitate für besondere Anlässe

➲ Persönliche Fähigkeiten

- Ihre Ausstrahlung
- Burnout
- Business-Knigge
- Mit Druck richtig umgehen
- Emotionale Intelligenz
- Entscheidungen treffen
- Gedächtnistraining